クスノキと日本人　知られざる古代巨樹信仰

クスノキと日本人

知られざる古代巨樹信仰

佐藤洋一郎

八坂書房

クスノキと日本人　目次

目　次

第10章　巨樹とその文化を守ろう　215

序章

クスノキの巨樹をたずねて

クスノキ巨樹に出会う

新緑のころ、よく晴れた日に木立の下を歩くのはほんとうに気持ちがいい。木が発散するなんともいえない香りに包まれて身も心も軽やかになる。森林浴ということばがあるのもなるほどとうなずける。とくにその木が大きな木――巨樹、とここではいうことにする――の場合は、何かオーラのようなものが発散されているのか、すがすがしさと荘厳さとが入り混じったような一種独特の雰囲気が醸し出されている。巨樹の下でその雰囲気に思わず立ち止まり上を見上げた経験をお持ちの方もきっと多いと思われる。

日本列島の各地には、多数の巨樹が知られる。巨樹たちは数百年、時にはおそらく二〇〇〇年以上もの間生き続け、その間にさまざまなことを経験してきた。二〇〇〇年といえば「書かれた日本列島の歴史」よりもまだ長い。落雷など幾度もの倒壊の危機を乗り越え、伐採もされず、彼らの遺伝子は二〇〇〇年の時間を経て今に受け継がれている。それら巨樹たちの樹種はさまざまながら、どれもがそれぞれの風格と生態的な地位を持っている。こうしたことから、巨樹の雰囲気に惹かれる巨樹ファンがたくさんいる。私もその一人だが、私はとくにクスノキの巨樹に惹かれる。

クスノキの巨樹をたずねる旅

ところで人はどうして巨樹に惹かれるのだろうか。草木山川にカミが宿ると考えていた大昔の人びとが巨樹に惹かれたのはわかるとして、現代人までもが巨樹に心惹かれるのはどうしてだろうか。おそらく、その大きな理由のひとつは、巨樹を作り上げたものが時間であることを体験的に知っているからである。巨樹たちは、私たちが子どものこ

灯明山のクスノキ

ろから巨樹なのであった。いや、父母や祖父母が子どものころから、それはすでに巨樹であったと聞かされてきた。いかに技術が発達しようとも、私たちは時間の壁を超えることはできない。樹齢幾千年という巨樹の風格や生態的地位というものは、今はやりのＩＴや遺伝子操作を駆使しようとも昨日今日のうちにどうなるものでもない。このことが、巨樹への想いをいっそうかきたてるのであろう。

この一五年ほど、私は機会をみてはクスノキの巨樹をたずねて歩いた。幸いその分布は西日本に限られている。スギのように全国に分布する樹種ならばそれこそ全国を歩き回らなければならないが、西日本だけというクスノキの分布から、歩いて回る範囲は半分で済む。各地で開催される学会の行き帰りに、またはほかの植物を集めて回る学生たちといっしょに、私は歩き回った。幸いクスノキの巨樹は深山幽谷にはない。彼らは人里近くに分布することが多い。このこともずいぶん幸いして、十分とはいえないまでも各地のクスノキの巨樹をたずね歩くことができた。

昨年私は、一〇年近かった大学での勤めをやめ、京都にある総合地球環境学研究所で環境のプロジェクトを立ち上げる作業をはじめた。環境のプロジェクトといっても、私が立てたプロジェクト構想は「栽培植物の進化と生態系の変遷」というテーマで、環境の変化を農耕とのかかわりで捉《とら》えようというものである。農耕というと日本ではすぐに水田稲作に話が限定されてしまうが、実際はそうではない。また、西洋の学者は農耕のはじまりを「新石器革命」とか「農業革命」などと呼んで、それをひとつの革命的な出来事と捉えてきたが、日本列島を含めた東洋では、農耕のはじまりを決定づける、革命的なイベントは見あたらない。人の周囲には、本書の主題であるクスノキを含めて多くの植物たちがいた。人はそれらを手なずけながら、幾千年の時をかけて農業という生業、あるいはその文化を作り上げてきた。無論このプロセスは単調な右上がりのプロセスではなかった。それはあるときには急速に進んだが、あるときには停滞した。いや後退を余儀なくされたことも少なくなかったにちがいない。このプロセスで、人は人為生態系という人の手になる生態系——里——を作り上げてきた。

クスノキの巨樹たちは、生態系の移ろいの長い過程を見続けてきた生き証人たちである。彼らのその長い生の歴史を繙《ひもと》くことで、日本の生態史を読み解く新たな方法を開いてみたい——これが本書にこめた私のねらいである。

「寂心さんのクス」

第1章　クスという木

クスノキとは？

はじめにクスノキという樹を紹介しておきたい。クスノキは、分類学上クスノキ科クスノキ属に属する高木で、学名を*Cinnamomum camphora*という。植物図鑑によると、それは時に直径五メートル、高さ四〇メートルにも達する巨樹となる。ちなみに、日本でいちばん大きな巨樹は、後述するように鹿児島県蒲生《かもう》町のクスノキで、その幹周りは二四メートルに達する。幹周り二四メートルといえば単純に考えれば直径で八メートル弱。一八畳敷きの部屋がすっぽり入るほどの大きさを持っている。

クスノキの仲間には、ニッケイ、ゲッケイジュなどの種が含まれる。新緑のころのクスの芳香に惹かれる方も多いだろうが、クスノキ科の中には高い香りを発する種が少なくない。年配の方ならご存知であろう「ニッキ」の名になったニッケイは、クスノキと同属の樹種である。その野生種はヤブニッケイとして西日本のいたるところに見られる。クスノキは西洋人の感覚ではシナモンの木なのである。

クスノキは、日本列島では、おもに西日本と東日本の沿海地方に分布している。九州では相当の内陸地方にも広がっているが、中国・四国から近畿地方ではその分布が海寄りの地域に限られてくる。その傾向は東日本ではとくに顕著となる。海岸地域のほうが暖かいという事情のほか、人の意図がクスノキの分布を決めていると思われる。とにかくクスノキは、関東以北の東北日本にはまず見られない。

なおクスノキの中には台湾などに分布する芳樟《ほうしょう》と呼ばれる品種がある。学名は同じで、形態的にもわずかな違いが見られるに過ぎないが、芳樟には栽培品種が登録されている。つまり芳樟では品種改良がおこなわれていたことがわかる。高知県には芳樟栽培組合という組合があったほどである。なお、芳樟に対するクスノキの俗称は本樟《ほんしょう》である。

クスの葉　―分布域との関連で見た葉の大小と色

クスは常緑広葉樹である。常緑樹という日本語からはいつも緑の葉がついている木という印象を受ける。それは間違いではないが、クスも落葉する。四月末から五月上旬にかけての新緑の時期がクスの落葉の時期でもある。

日本はじめ温帯では、落葉広葉樹の葉は秋に落ち、冬の間は葉のない状態で過ごす。葉のない状態は翌春に新芽が出るまで続く。ところがクスノキはじめ常緑広葉樹では、落葉は新芽が出たあとに起きる。だから年間を通じて見れば木が丸裸になる時期はない。「常緑」の名のゆえんである。

落葉の時期ともなると、クスノキからは膨大な量の葉が落ちる。雨が何日か降らないと、地面に落ちた枯れ葉が風にあおられかさかさと音を立てて走ってゆく。見上げると、輝くような緑が梢を覆っている。この時期のクスがいちばんきれいである。

クスの葉にはその形に大きな特徴がある。葉脈が根元の部分で三つに分かれている。その形態から、これは三行脈といわれ、クスノキ科の多くの植物に共通の特徴となっている。もっとも三行脈の葉を持つ植物がすべてクスノキ科に属するかといえばそうではない。このあたりが植物分類のややこしいところだが、ともかくクスノキ科の多くの植物は三行脈を持っている。広葉樹の葉脈は普通、真ん中に主脈が走り、その主脈から幾多の枝分かれが起きてちょうどサカナの背骨のようになっているのが多いことを考えると、三行脈は異色の存在ともいえる。

話をまたクスノキの葉に戻すことにしよう。日本各地のクスノキの巨樹を見ていて気がついたことがいくつかある。そのうちのひとつが、葉の大きさの変異である。樹によって葉の大きさが違うのである。つまり大きな葉をつける株と小さな葉をつける株とがあると考えるのがいいだろう。むろん葉の大きさは同じ株の中でも違う。梢近くの枝と地面近くの枝とでは葉の大きさが違ってくる。そうした株の中でのばらつきを考慮に入れてもなお、大きな葉を持つ株と小さな葉を持つ株とが区別できるのである。

そこで、葉の各部のサイズを計測してそれらをコンピュータ処理し、巨樹たちを葉の

クスノキの葉　クスノキの葉は葉脈が根元の部分で分かれて、はっきりとした三行脈になる。これはまた、クスノキ科の特徴ともなっている。

サイズについて客観的に分類してみることにした。もちろん計測にあたってはひとつの株から複数の葉を取って平均値を求めてみた。その結果は一九九四年に日本林学会で発表したが、それをここでも見てみることにしよう。

巨樹たちは、その葉の「全体的な大きさ」に関して、大、小二つのグループに分かれる傾向を示した。その傾向は相当にはっきりしている。つまり若狭湾と伊勢湾を結ぶ線を境に、西側には大小両方のタイプが分布するが東には大きな葉の個体だけが分布する。つまり西日本では葉のサイズについてさまざまなタイプの個体が見られるのに、東日本では限られた葉のサイズの個体だけが見られることになる。

こうした地理的な分布はどうして生じるのだろうか。考えられることは大きく二つある。ひとつめは、気候条件か何かの要因によって、東日本では葉の小さな株は生存できないか、できても巨樹にはなれないというものである。葉の大きさが違うことでそうも違いがあるとも思えないが、しかし葉の大きさを決めている遺伝子が環境に適応する遺伝子となんらかの意味で関係があって、それにつられて葉の大きさが変わってきたという可能性もある。

第二の可能性は、分布を決めたのが「たまたま」という、偶然の要素によるというものである。葉の大きさが大きかろうが小さかろうが、そんなことは環境に対する適応性に何も関係ないのだが、クスノキが西から東に伝播したときに、「たまたま」葉を大きくする遺伝子を持った株だけが運ばれたと考えるのである。

葉のサイズについてのこのデータだけでは、二つの仮説のどちらが正しいかを決めることはできない。だがあとに述べるDNAのデータを見ると、どうも第二の仮説のほうが正しそうである。

クスノキの葉には、大きさのみならず新芽の色にも違いがある。とくに春先に出る新芽には、あざやかな緑色をしたもののほかに、赤っぽい色をしたものが多く見られる。それらは「赤芽」などと呼ばれている。クスノキにもこの「赤芽」が存在する。その一部を52頁の写真に示しておいた。

写真で、赤の色が濃いのは中国広西壮族自治区・南寧産の株に由来する種子を貰い受けて植えたもので、実質的には中国産とみてよいものである。真ん中の写真は日本でもよくお目にかかる「赤芽」の株で、まだ薄い新葉が陽の光を透過して赤っぽく見えるさまは、まさに萌える新緑の語にぴったりである。一方左端の個体はその赤っぽさがまったく失せた「白芽」の株で、これらの株は遠目にもあざやかな緑色をしていて、その色は目に染みるようで見ていて気持ちがいい。

クスノキはどのように増えるか

木の仲間たちは一般に寿命が長い。彼らは得た太陽エネルギーの多くの部分を自分自身の成長に使ってしまって、次の世代の繁殖にまわすことをほとんどしない。反対に寿命が一年に限られる草の仲間では、エネルギーの大半を次世代のために使う。獲得したエネルギーの何パーセントを次代のために使うかを繁殖指数という値であらわすことがある。できた種子の重さを全体重で割った値がそれである。繁殖指数は、イネやコムギなどの穀類では〇・五くらい、つまり得たエネルギーの半分は種子のため、つまり繁殖に使うというわけである。

繁殖指数という考えを樹木にあてはめると、その値は計算するまでもなくずっと小さくなるだろう。沼田さんのまとめによると、日本のシイノキやイスノキなど常緑広葉樹が一年間に生産するエネルギー量は、一ヘクタールあたり一九ないし二二トンと見込まれる（沼田、一九六九）。生産される種子の量は、クリやクルミなど、種子の部分を利用するような樹種の場合でも一・五トン前後である（小山、二〇〇〇）。だからこれらの種でも繁殖指数は〇・一にも満たない低い値を示すものと思われる。クスノキのように、母樹自体の寿命が長く、種子が利用されない樹種では、繁殖指数はこれよりさらに小さくなるはずである。巨樹となる素質を持つ樹種は、一般に、種子による繁殖のエネルギーを最小限にとどめている。

巨樹たちにとって、自らの子をその足元に成育させることはのちのち不利になることはあっても有利になることはない。自らが作る大きな木陰は、ほかの個体の成育を妨げるのに有効な手立てである。生育の阻害は、異なる種の苗だけでなく同じ種の苗にも及ぶ。種の保存のためには自分だけが永遠の生命を維持すればよい、と巨樹たちは主張しているかのようである。その木陰に生を受けた幼樹たちは、それが母樹の子であろうと陽射し、つまり生存権を奪われてしまう。

もし、何かのはずみでその稚苗の一本が親にもせまる巨樹になったとしたらどうだろうか。今度は母樹のほうが自らの安泰をおびやかされる番である。だから巨樹たちは、たとえ自分の子であろうとその生を歓迎しないのである。このように、巨樹たちは多くが世代交代にはきわめて「不熱心」である。

樹木の仲間は多くの場合他家受粉《たかじゅふん》する。つまり繁殖のためには、動物同様、卵（胚珠《はいしゅ》）を提供する親と花粉を提供する親、つまり父親と母親にあたる二個体の存在がどうしても必要である。最低二個体がなければ、彼らは種子を生産し、種《しゅ》を維持することができない。それは動物の場合にオスとメスそれぞれが最低一個体以上いなければ種の維持ができないのと同じである。

だから他家受粉する植物をどこか遠くの処女地に持ってゆくには、少なくとも二個体をセットで運ぶ必要がある。しかも雌雄一個体ずつしかいないと、次の世代以降、結婚はみな近親結婚となってしまい、近交弱勢が起きるようになる。だから他家受粉する植物の場合には、最低何個体かが一セットにならないと遠くには伝わっていかない。いきおい広まりの速度はどうしても遅くなってしまう。一方、自家受粉する植物は最低一個体あれば、繁殖もできるし広まってゆくこともできる。こういう植物は簡単に広まるし、またその速度も驚くほど速い。

クスノキの場合はどうであろうか。クスノキが人によって運ばれたとするなら、ひょっとして自家受粉するのではないか。そう考えた私はある実験を思い立った。クスノキの花が咲くころ、その花にすっぽりと紙の袋をかぶせてみたのである。もし袋がけすることで種子ができなくなるなら、その植物は自分の花粉では受精できない他家受粉植物であることがわかる。反対に袋がけしても種子ができるなら、その植物は自家受粉植物である。五月の連休明けのある日、まだクスノキの花が咲いていないのを確認したうえで、私は当時在籍していた大学の研究室の学生たちといっしょに、構内の三本のクスノ

クスノキの花　花が咲くのは5-6月ごろ。ひとつひとつの花は小さいが、雄しべ雌しべを持つ完全花である。

キのそれぞれ二本ずつの枝にパラフィンの袋をかぶせてみた。袋が風で飛ばないよう、口元をしっかりと枝に巻きつけて縛っておく。こうしておいて約一カ月がたった六月中旬のある日、袋を回収して中にある種子を数えてみたのだった。

驚いたことに、大学構内の三本のクスノキのうち二本までは、どの袋の中にもちゃんと実った種子が多数あった。クスノキは、少なくともこの二本については、確かに自家受粉したことになる。ただし実った種子の数は、それぞれ隣にある枝に比べると少なかった。しかしだからといって、自分の花粉で受精するチャンスがほかの花粉に比べて低いと言い切ることはできない。袋をかぶせたことによって、袋の中の温度や湿度が上がって中がむれ、せっかく受精した種子が成長しなかった可能性も考えられるからである。

残りの一本については、二つの袋の中に、実った種子をたった二粒だけ見つけることができた。この樹は自家受粉しないのだろうか。ただしこの樹の場合、袋をかけなかった枝もほとんど種子をつけていなかった。三本目は、もともと種子をつけることに不熱心な樹なのかもしれない。ちなみにこの樹は中国広西壮族自治区のクスノキである。

種子はどのようにして広まるのか

クスノキは春の盛りのころから麦秋のころにかけて黄色い小さな花を無数に咲かせ、夏にかけて種子を実らせる。受精したのち、実は大きくなりはじめ、夏を越して直径数ミリの大きさに達すると、今度は秋にかけて暗紫色へと変色してゆく。実の中には、薄いが硬い殻に覆われた種子が一個入っている。

実は、熟すと母親から離れて落ちることが多い。晩秋のころ、元気のいいクスノキの下を歩くと路面が濃い紫色に変わるほどたくさんの実が落ちているのを見ることがある。一本の巨樹がどれほどの数の種子をつけるかは知らないが、路面全体が暗紫色に染まっているのを見ると、それが相当の数に上ることは容易に想像がつく。

クスノキの種子は容易に発芽する。熱海市の来宮神社では日本第二といわれるくだんの巨樹の苗を売っているが、これらは巨樹の種子を発芽させて育てたものだそうである。実際クスノキの種子は簡単に発芽させることができる。前項に紹介した広西壮族自治区のクスノキも、知人が現地から持ってきた種子を貰い受けて播いたものである。クスノキは種子でもちゃんと繁殖する。言い換えれば、クスノキは種子で広まることもできる。さらにクスノキは自家受粉して一個体だけでも広まるのだから、その速度は相当速いと考えられる。

樹木の仲間が人によらず「自然に」広まる場合、しばしば鳥や小動物などが関係している。小動物の中ではネズミなどが植物の種子を運ぶ。もちろん彼らは植物のために種子を運んでいるわけではない。彼らは熟して落ちた種子をえさとして確保し蓄えたのち、それを忘れてしまったのである。しかし小動物には、植物をそれほど遠くにまで運ぶ能力はない。

一方、鳥たちは植物の種子を相当遠くにまで運ぶことができる。クスノキのように種子が硬い内果皮に包まれていると、種子は鳥たちの消化器の中を通って糞といっしょに体外に出される。果実が消化される間にも鳥は空を飛ぶから、種子は相当の距離を運ばれることになる。もちろん同じところを飛び回ることもあるだろうから、種子がいつも遠くまで運ばれるとは限らないが。

クスノキの実は、確かに、鳥たちのえさになっている。鹿児島県立短期大学の堀田満さんによれば、「ムクドリやヒヨドリは、クスノキの黒く熟した果実は大好きで、真っ赤に熟して目立つクロガネモチや黄白色に熟して美味しそうなセンダンより、あまり目立たないクスノキに群がる」という。クスノキが鳥によって運ばれるのは間違いなさそうである。

運ぶといえば、――話が支離滅裂になってしまったが――大分県高崎山のサルたちもクスノキの果実を食べると聞いたことがある。私が聞いたところではサルたちはクスノキの果実に虫下しのような作用があることを知っているらしく、それでクスノキの果実を

クスノキの実　実は直径7-8mmで、暗紫色に熟し、中には硬い殻に覆われた種子がひとつ入っている。

食べるのだということであった。真偽のほどは調べてみないとわからないが、もしこれが事実ならばサルもまた、クスノキの散布者ということになる。

他者と共生するクスノキ

実を食べさせる代わりに種子の広まりを手伝ってもらっているとするなら、クスノキと鳥やサルとは広い意味で共生関係にあるということができる。よく調べてみると、共生かどうかはともかくとして、クスノキはほかの生物とのかかわりの中に生きている。ほかの例を見てみよう。

クスノキの葉の三本の葉脈が交わるところに、ダニ部屋と呼ばれるちょっとしたこぶがある。その名のとおりここにはダニが棲んでいる。クスはその葉にも多量の樟脳を含むので虫など寄りつかないように見えるのだが、クスノキにも虫がつくのである。

総合地球環境学研究所の竹内望さんによると、ダニ部屋に棲むのはフシダニといわれるダニである。そしてひとつのダニ部屋には、卵から成虫まで、いろいろな世代のダニの個体が棲んでいる。もっともクスノキの葉は新緑のころに出て翌年の新緑のころには落ちてしまうので、ダニ部屋のダニたちもそれにあわせて引っ越ししなければならないはずであるが、そのあたりの詳しいことは何もわかっていない。

ダニ部屋は、クスノキがダニのために「用意」したのだろうか。それともダニが葉の一部を変形させて作ったものなのだろうか。竹内さんによると、ダニは、クスノキの若い苗には棲んでいないのに、齢を重ねるにしたがっていつの間にか棲みつくようになる。一方ダニ部屋のほうは若い苗の葉にも見られるので、ダニ部屋はクスノキの側が用意していることになる。いったいクスノキはなんのために「部屋」まで用意してダニを棲まわせているのだろうか。

虫がつく、といえば、クスにはセミもつく。巨樹となったクスノキの蝉時雨は夏の風

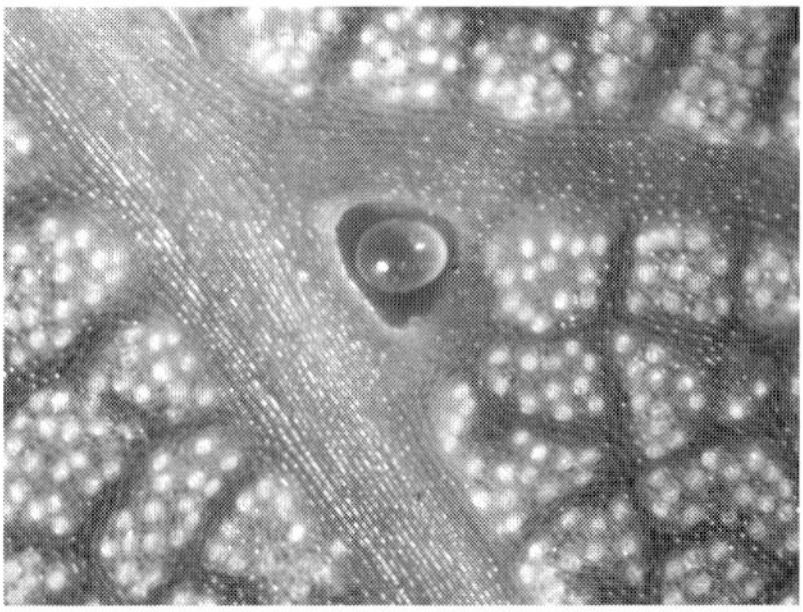

ダニ部屋とダニ（竹内望提供）
クスノキの葉の3本の葉脈が交わるところにはダニ部屋があり、年を重ねたクスノキの葉では、ここにフシダニが棲んでいる。クスノキは、なんのためにダニを棲まわせているのだろう。

物詩であるが、セミも、セミの幼虫も、どちらも樟脳にはへこたれないらしい。というのもそれはクスノキやこれに縁の近いヤブニッケイ、タブノキなど限られた種類以外の樹木には産卵しない。またえさとするのもこれらの仲間たちだけである。それは、クスノキなどに産卵したから仕方なくその葉を食べる、というような消極的な理由からではない。アオスジアゲハの幼虫を飼うのにクスノキやヤブニッケイの葉がかかせない。アオスジアゲハは積極的にクスノキの葉を食べるのである。

ダニのケースといいアオスジアゲハのケースといい、彼らを養うことがクスノキにとって別段都合がよいこととも思われない。いったい両者の間には何があるのだろうか。それでいてクスノキは強い除虫成分を持つ樟脳を生産するのだから、その「行動」はなんとも不思議である。この不思議の解明は今後に残されたおもしろい研究テーマといえよう。

このようにしてみれば、クスノキは一面では野生動物はじめ自然界の力によって、つまり人の力を借りることなく広がってきた植物である。しかし、日本列島でクスノキを広めた最大の立役者は人であると私は思う。そして、巨樹となった彼らを守り支えてきたのもまた、人であると思う。その理由は、おいおい書いてゆくことにしたい。

第2章　クスノキの巨樹たち

日本列島巨樹の地図

巨樹とはその名のとおり大きな木、巨木のことをいう。ただ大きいというだけではあいまいなので、「巨樹」の定義をしておく。環境庁（現在の環境省）が一九九一年に全国レベルでおこなった巨樹の調査がある。それによると巨樹とは、「地上高一・三メートルの高さでの幹周りが三メートル以上のもの」、とある。ここでもこの定義をそのまま借用することにしたい。巨樹ともなると幹の形は丸太のように単純ではなく、どこを計るかによって値が大きく異なる。そこで以前は大人の胸の高さでの幹周りを計っていたが、胸の高さも厳密には身長によって異なるというので一・三メートルというふうに数値に変えたのだという。ここでも、環境庁の定義をそのまま使うことにしたい。環境庁のこの調査によると、一九九一年当時の巨樹の数は全国で五万五七九八本、そのうちスギが全体の二五%の一万三六八一本を占めるという。

巨樹になったクスノキは全国で五一六〇本、これはスギ、ケヤキ（八五三八本）につぐ多さで、クスノキがいかに巨樹の多い木であるかがわかる。クスはスギと違い、分布が西南日本に偏っている。それにもかかわらず全国でこれだけの巨樹があるわけだから、密度からいえばスギなみに高いことになる。

全国一の巨樹は、幹周りで見ると、あとにも書くように、鹿児島県蒲生《かもう》町の「蒲生の大楠《おおぐす》」、全国第二位は静岡県熱海市の「来《き》の宮《みや》の大楠」という順になっている。上位一〇本のうち九本がクスノキである。また上位六〇位のうちの半数強の三三本を占めている。クスは、巨樹の中でもひときわ大きくなる樹種である。ただ、計り方によって値にばらつきがあるようで、資料によってその順序が異なっている。たとえば、高橋弘さん（二〇〇一）によると、大きさの序列は37頁の表のようになって、第二位以下の巨樹につい

クスノキ巨樹の幹周によるランキング　＜環境庁1991（左）と高橋2001（右）による＞

順位	日本の巨樹・巨木林（環境省）	所在地	幹周（m）	順位	日本の巨樹・巨木（高橋）	所在地	幹周（m）
1	蒲生の大楠	鹿児島県	24.2	1	蒲生の大楠	鹿児島県	23.3
2	来の宮の大楠	静岡県	23.9	2	藤崎台の巨樹群の１本	熊本県	20.0
3	大楠（築城町 大楠神社）	福岡県	21.0	3	大楠（築城町 大楠神社）	福岡県	19.2
3	川古の大楠	佐賀県	21.0	4	武雄の大楠	佐賀県	19.0
5	衣掛の森（宇美八幡宮）	福岡県	20.0	5	隠家の森	福岡県	18.8
5	武雄の大楠	佐賀県	20.0	6	衣掛の森	福岡県	18.4
7	（名称なし）杵原八幡宮	大分県	18.5	7	来の宮の大楠	静岡県	18.3
8	隠家の森	福岡県	18.0	8	志布志の大楠	鹿児島県	17.2
9	大谷のクスノキ	福岡県	17.1	9	大谷のクスノキ	高知県	17.1
9	志布志の大楠	鹿児島県	17.1	10	川古の大楠	佐賀県	16.6

ては順番が大きく入れ替わっている。

この章では、日本列島各地にあるクスノキの巨樹のいくつかを紹介してみたい。もちろん、ここに取り上げた樹木たちはあまたあるクスノキ巨樹のほんの一部にすぎない。どれを紹介してどれをしなかったかはまったく私の主観に基づいている。なお、日本列島のクスノキの巨樹の所在地や大きさなどを客観的に知りたいという方は、環境庁（現：環境省）編『日本の巨樹・巨木林』のほか、以下に紹介する書籍やホームページなどをご覧になることをお勧めする。現在はまさにインターネットの時代である。これらホームページの中には実によくできたものも少なくない。

●「巨きな樹に会いたい」
（http://www11.ocn.ne.jp/~jyumoku/）

● 「大阪百樹」(http://www.ne.jp/asahi/osaka/100ju/)
大阪府立大学名誉教授の佐藤治雄さんのサイト。

● 「日本の巨樹・巨木」(http://www.kyoboku.com/)
高橋弘さんが中心になって作られたもので、写真がたいへん充実している。同名の本が新日本出版社から出されている。

● 「巨木巡礼」(http://www2.wbs.ne.jp/~kyoboku/)
巨樹についての文献のリストが充実している。

● 『巨樹探検　森の神に会いにゆく』、平岡忠夫著、講談社、一九九九

これ以外にも、個々の巨樹を紹介したパンフレットや地域の情報誌などがたくさん出ている。またホームページにもご自分の地域のクスを紹介したものや、博物館などが展示している(または収蔵されている)遺物などを紹介したものなど実にさまざまなものがあり、見ていて飽きることがない。

クスノキ巨樹の分布

先述の『日本の巨樹・巨木林』をもとに、クスノキの巨樹がどこに生えているかまとめてみた。クスノキの広がる地域が西南日本に偏ることから、その巨樹もまた西南日本に多いが、その多く（約六〇％）が神社仏閣の境内にある。要するにクスノキの巨樹は人とのかかわりの中で護られ長い時間を生き抜いてきたのである。ここに、クスノキがまったくの自然木であるというよりはその生を強く人にゆだねた植物、一種の栽培植物であるとの見方が成り立つ。さらにクスノキの巨樹は、九州などを別とすれば海岸のごくかたわらに限って分布している。日本列島全体でのクスノキ巨樹の分布を地図化するのは現実的ではないので、静岡県を例にその分布を調べてみた。するとクスノキ巨樹のほとんどの個体は、海岸線からたかだか一〇キロの範囲におさまり、それより内陸に分布するものはほとんどないことがわかる。同じくその広がりにヒトの意図が深くかかわっていると思われるスギの巨樹では、その広がりの範囲はもっと山の奥にまで及ぶ。

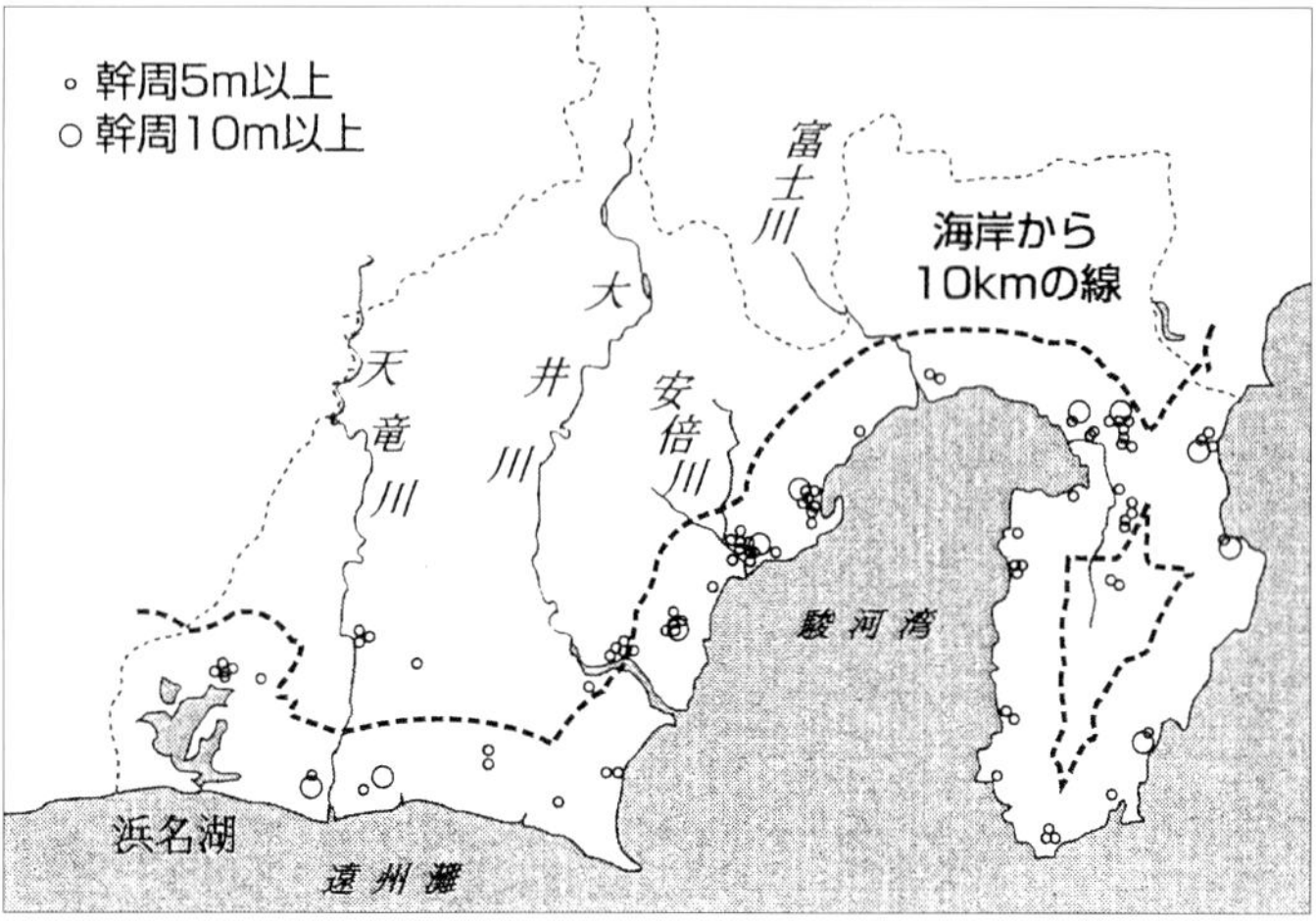

静岡県におけるクスノキ巨樹の分布（佐藤、2002より）

この広がりの違いは何によるものなのだろうか。スギがクスノキに比べてやや冷涼な気候を好むということもあるかもしれないが、それ以外にも、人の集団の好みや文化という要素があるのではないかと私は思っている。つまりクスノキを大切にした人の集団とスギを大切にした人の集団とが違う文化的な背景を持っていたのではないかと考えてみたいのである。そう考える理由はいくつかあるが、まず、スギは温暖な気候の下でも十分に生育することをあげておく。つまり、クスノキが山の中では生育しにくいのは確かとしても、スギが暖かな海沿いの土地に適応しないとはいえない。

むろんこう言い切るにはまだ調べるべきことがたくさんあるが、ひとつの仮説として提示しておきたい。

巨樹の年齢

クスノキ巨樹の年齢はどれほどだろうか。各地の巨樹の銘板にはそれらの推定樹齢が記されている。たとえば、「蒲生の大楠」は樹齢が一五〇〇年、あとに紹介する伊豆広瀬神社の老樹のそれは二五〇〇年、またこの巨樹と兄弟関係がいわれる愛媛県大三島の大山祇《おおやまずみ》神社のそれも樹齢二六〇〇年と伝えられている。私が知る限り、クスノキの巨樹の推定樹齢の最大値は佐賀県武雄《たけお》市の「川古《かわご》の大楠」でその値は三〇〇〇年である。

残念ながらこれら巨樹の樹齢について、言い伝えの真偽を確かめる方法はない。何かの記録でもないかと思うが、仮に推定樹齢二〇〇〇年の巨樹があったとして、その樹は一五〇〇年前にはたかだか樹齢五〇〇年ほどの樹だったことになる。当時は樹齢五〇〇年くらいの樹などめずらしくもなんともなかったであろうから、それが特別のものとして記録や伝説にその名を残したとも思われない。逆にいうと、説話に出てくるほどの巨樹がよほどの巨樹だったのだろうと思われる。

樹齢は一般に年輪によって推定できるが、年輪を詳細に見るには樹を輪切りにするしかない。しかし樹齢を知るために樹を輪切りにしたのでは本末転倒なので、この方法は現在も生きている巨樹一般には使えない。輪切りの代用方として成長錐《すい》という錐で幹に穴を開けて細いサンプルを採る方法もあるが、直径が何メートルにも達する巨樹にこの方法を適用するのは現実的ではない。しかも巨樹たちはしばしば、中心部分が洞《うろ》となって失われており年輪を数えるすべさえないことがある。こうした理由で、今のところ巨樹たちの正確な年輪を測る方法はない。

しかしそれでも、上に書いたような超巨樹たちの中には樹齢が一〇〇〇年から一五〇〇年に及ぶものがあることは疑いがない。一五〇〇年前といえば大化の改新のまだ前のことである。つまり巨樹たちの中には、後に書く「等乃伎《とのき》の高樹」（仁徳天皇のころに倒壊したとされる巨樹）のころに生を受けたものがまだ残っているかもしれないということである。巨樹たちの身体の中には、記紀のころの遺伝子がそのまま生き続けている。

クスノキが長寿である理由のひとつは、それが身体中に樟脳を含み、虫などによる食害を受けにくいことにあると思われる。しかしもっと大きな理由は、それが人による庇護を受けてきたからであろう。実際クスノキの巨樹は、そのほとんどのものが深山幽谷ではなく里かその近くに分布する。彼らは人の管理下に置かれ、長い時間を過ごしてきたのである。

樹種によって変わる樹形

木には幹があり、幹には枝がつき、さらにその先に小枝がある。それは樹木のごく普通の構造であるが、幹から小枝にいたるどの部分により多くのエネルギーを注ぐかは樹種によりさまざまである。あるものは、枝たちが権利を主張しどれが幹だか枝だかわからないほど枝が成長する。大枝と小枝の間にも同じ関係が成立し、結局枝たちは天に向

クスノキ樹形の模式図

かって伸びる性質を失う。結果として樹全体の形はお椀を伏せたような丸い形になる。クスノキはこの形をとる典型的な樹種である。

一方別の種では幹はあくまで幹であり、幹と枝、大枝と小枝の間にはちゃんと階層構造が成り立っている。すると樹は全体としてとがった形になる。階層構造があまりはっきりしない場合は、下のほうの枝にも十分なエネルギーが注がれて樹形としては逆三角形になる。ケヤキなどがその代表である。階層構造がさらにはっきりすると、樹形は、スギやイチョウのように上に凸の三角形になる。森や林の形が地域によってなんとなく違って見えるのは、森をつくる樹種が地域ごとに違うからで、樹形の種差によるところが大きい。

クスノキ巨樹たちの樹形

同じ種の個体の間でも、樹形は育った環境によっていろいろに異なる。49頁のクスノキは熊本県にある「寂心さんのクス」と呼ばれるクスノキ巨樹（幹周り一三・三メートル、推定樹齢八〇〇年）であるが、生まれてこのかた周囲に強力な競争相手がいなかったと見えて実にのびのびと枝を周囲に伸ばしている。

「寂心さんのクス」のような株立ちのクスノキはめずらしくない。あとに紹介する山口県の巨樹「川棚《かわだな》のクスの森」（61頁参照）も、京都御所のクスノキも同じである。しかしこうした樹形の株は幹の部分が短く、材木としての利用価値は高くない。

こうした樹形になるのは、過去に主幹が傷つけられた歴史を持つからではないか。よく手入れされた雑木林のクヌギやブナの中には根本から株分れした樹を見ることがある。それはその株が過去に根本から伐られ、その後再生した歴史を物語っている。ある程度の巨樹に育った樹木の主幹が、落雷などによって大きく損なわれたり、山火事によって幹が大きく傷ついた場合にも同じようなことが起きるようである。

一方神奈川県真鶴《まなつる》町のクスの森のクスノキ巨樹たちは、いっしょに生えているマツの巨樹たちと日光を競い合い、その幹を天に向かって伸ばしている。その主幹は地際から数メートルもの間その太さをほとんど変えることなく、かつまっすぐ伸びている。クスノキがこうした樹形になったのは、たぶん、幼樹の時代からすぐ隣に競争相手がいて、いつも天に向かって伸びてきたからであったように思われる。よい丸木船の材は苗木を混みこみに植えることで人為的に作られてきたものであるに相違ない。

このように、樹種による樹形は一種の潜在性のようなものであり、樹木たちの育ってきた環境の総体と見ることができる。反対に、樹木の形を見ることによってその個体の生い立ちを知ることができる。

巨樹の枝ぶり

万物は流転する。およそ形あるものはその形を刻一刻と変え、やがては朽ち滅んでゆく。それは、この世に形あるものとして生まれてきたものの宿命である。命は、いつかは果てなければならない。

しかし、形を変えやがては死にゆくとはいうものの、動物と植物とではその過程はずいぶん違っている。動物の姿はその瞬間ごとにあらわれては消えてゆく。鏡の中の自分の姿も、今その瞬間の姿であって、前の一瞬の姿はすでに過去のものとして消え去ってしまっている。動物の姿は、常に刹那的である。過去の喜びも苦しみも、すべてが過去のものでしかない。傷跡が残ることはあっても、それはやがては新しい自分によって上塗りされ消えてゆく。

一方植物はどうか。植物の今の姿には、過去の経験のすべてが映されている。台風で折られた枝の跡も、隣の株との間に繰り広げられた日光をめぐる壮絶な争いの跡も、横暴な人間たちによって傷つけられたその跡も、そしてたくさんの轍《わだち》や靴が根元を踏み固めたことによって身体全体が受けた圧迫の跡も、すべてがその姿の中にとどめられ、さらされ続ける。枝と枝とは、同じ株のものであれほかの株のものであれ、風や重力によるたわみを計算しつくしたかのように、くねりながら、身をよじりながら、互いに接することなく今の姿を作ってきた。いや屋台骨である幹までが身をよじらせながら、巨樹は生きてきた。そのことは、幹の表面を走る縞模様がよじれ、場合によってはそのよじれが一周も二周もしていることからも明らかである。巨樹の形は、過去のあらゆる歴史のいわば積算値なのである。

生き抜いてきた時間の長い巨樹ほど、そうしたねじれやくねりを積み重ねている。巨樹はどれも、その個体だけが持つ固有の風格を持っているが、それは生きてきた時間の間に、彼らがまったく異なる生の遍歴を重ねてきたからにほかならない。同じ樹種の巨樹でありながらその姿形が大きく違うのは、生きてきた世界の違いにあるのだと私は思う。

上＝「寂心さんのクス
まわりに競争相手がい
かったと見えて、実に
びのびと枝を周囲に伸
している。
下＝京都御所のクスノ
株立ちのクスノキはめ
らしくはないが、どち
かというと、幹の部分
短く、材木としての利
価値は高くはない。

協調の形

神奈川県の真鶴町にある真鶴半島の先端にある灯明山。高さ一〇〇メートルにも達しないちょっとした小山のようなところである。ここは古くから漁民たちが魚を養うための森―魚付林を育ててきたところであった。山全体はクスノキとマツを主体とする、手入れの行き届いた森になっていて、いたるところにクスノキの巨樹が生えている、私の好きなサイトのひとつである。

灯明山の森に入って空を見上げると、クスノキとマツの巨樹たちの樹冠が互いに重なり合うことなく、しかも余すところなく、みごとなまでに空を分け合っている。同じ木の枝同士でもたいへんだと思われるのに、樹齢も、DNAも、いろんなものが違うはずの個体間でこうした協調がおこなわれていることには驚きを禁じえない。しかしこの協調は、仲むつまじい協調ではなかった。互いが、生存をかけて自己を主張したことの結果でき上がった協調なのである。

人はそれを妥協と呼ぶかもしれないが、私は彼らの間にあったものを妥協とは捉《とら》えない。巨樹たちは妥協などしてこなかった。むしろ必死で自己を主張し続け、生き続けた結果、彼らはともに巨樹としての立場を得たのだと思う。

異形

今書いたように、少なくない巨樹は身をよじらせもだえ苦しんだかのような姿をしている。牧野和春さんはその姿を異形《いぎょう》と呼んだ（牧野和春、一九八六）。樹木があらわす異形の相というわけである。

異形の相を呈する巨樹はクスノキに限らず多い。中でも有名なのは屋久島にある縄文杉と呼ばれるスギの巨樹であろう。スギといえば手入れされ幾本もの仲間とともに天を向いてまっすぐ伸びるものと思い込んでいる現代の私たちには、それがスギとは思えないほどに縄文杉はくねっている。クスノキについても同じである。クスノキの巨樹をた

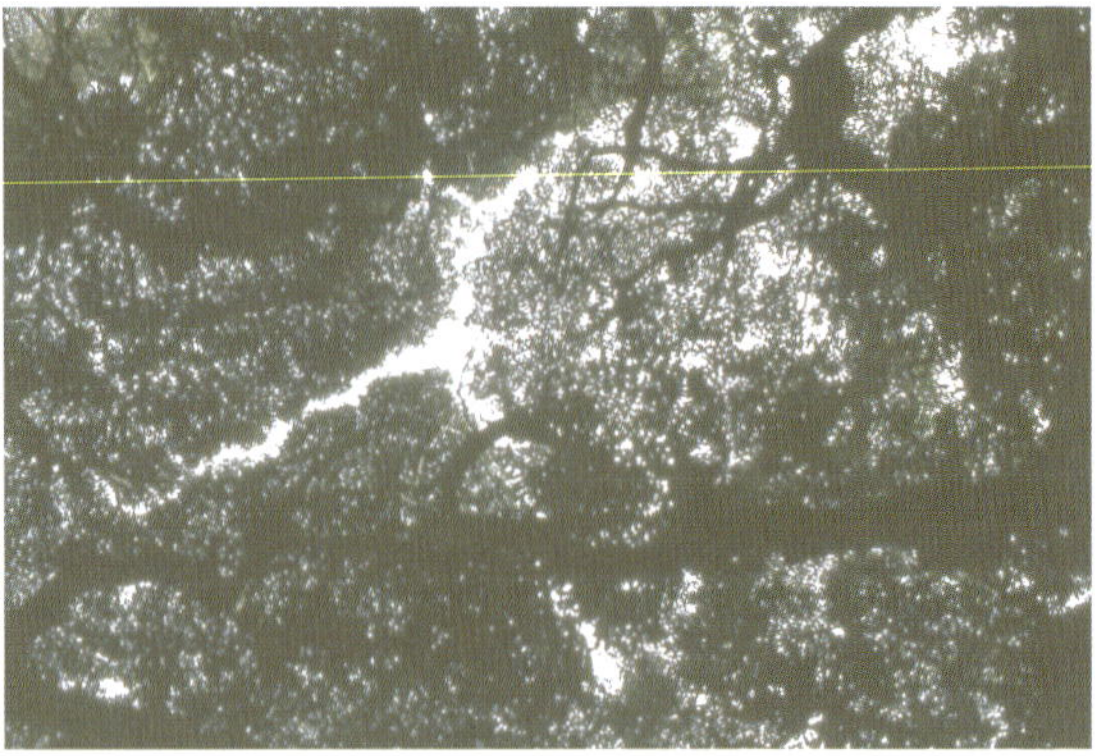

協調の形　森を覆う屋根はクスノキとマツの樹冠が重なることなく、互いに光を分け合っているようだ（灯明山にて）。

クスノキの新芽の色　中国広西生まれの「赤芽」（中右）、日本でよく見られる「赤芽」（中左）、新緑の色が淡い「白芽」（下）。

巨樹のよじれ
幹の表面を走る縦模様がよじれ、
場合によってはそれが1周も2周もしている。
巨樹の形は、過去のあらゆる形の
いわば積算値なのである。

ずねる旅をはじめて最初に気づいたことは、彼らが同じクスノキという種に属するものでありながら、こうも姿形に違いを生じるかということであった。

しかし異形を示す巨樹たちはその異形のゆえに今にまで生き残ったともいえる。それはまさに「塞翁《さいおう》が馬」の故事のとおりであった。人が恐れも知らず巨樹を伐り倒すようになっても、彼らはその異形のゆえに伐られることはなかった。材として使いものにならなかったからである。異形であったことが、皮肉にも彼らの寿命を延ばしたのである。もし彼らがまっすぐに伸びる幹を持ち、材木として有用に見えていたなら、彼らはとっくに伐られ何かの建物に変身していたであろう。さらに火災などで焼け落ち、結局その姿を今にとどめていなかったかもしれない。

ただし幸運はいつまでも続かなかった。近世から近代にかけての一時期、クスノキは樟脳の原料として注目を集めるようになる。樟脳の材料としてのクスノキには巨樹であることが要求される。異形を示そうが示すまいが、そんなことは関係がなかった。とにかくクスノキの根元に近い部分だけを集め釜でたけばよいのである。クスノキの巨樹はこの時期、絶滅の危機に瀕した。

クスノキの巨樹を絶滅から救ったのは、皮肉にもナフタリンという人工的に合成された物質の登場であった。安価に合成されるナフタリンは天然樟脳を急速に駆逐し、日本国中に広まった。ナフタリンの登場がもう何十年か遅れていたら、日本列島にあるクスノキの巨樹は今よりはるかに少なくなっていたかもしれない。

日本一の巨樹

日本にあるクスノキ巨樹のうち最大のものは、鹿児島県蒲生町の「蒲生の大楠」である。幹周りは二四メートル余り。見るものを圧倒する大きさである。

蒲生の大楠は鹿児島県蒲生町の中心部、八幡神社の境内にある。八幡神社の境内は広く、そのゆったりとした境内のいちばん奥まったところにある社殿の左脇に大楠はある。いや、感じとしては社殿が大楠の脇にあるといったほうがぴったりくる。

私がはじめて大楠を訪れたのはもう一〇年も前のことである。交通の便があまりよくな

異　形
愛媛県大三島の大山祇神社のクスノキ
この大楠はどんな環境を生き抜いてきたのだろうか。
身をよじらせもだえ苦しんだかのような姿に
胸を突かれる。

日本一のクスノキ巨樹　「蒲生の大楠」
幹周り24m余り。その存在感にただただ圧倒される。
左端付近にいる人と比べることで、その大きさがわかる。

いと聞いていたので、私は鹿児島市内でタクシーを貸切にしてそこを訪れたのだった。いかにも親切そうな運転手さんはそこに着くまでの小一時間、それがいかに大きな木であるかを何度も何度もさも誇らしげに語られた。私の期待は否が応でも高まった。神社正面の大鳥居の前の階段を上ると、大楠が左手に見えてくる。境内が広いため圧倒するような大きさは感じない。だが、大楠に一歩一歩近づくにつれて、覆いかぶさるような迫力が伝ってくる。この木の前に立つものは一瞬息を飲み、押し黙るという。さもありなん、と思う。日本一の巨樹だけが持つオーラのようなものを発しているのかもしれない。

大楠は根元がしっかりした樹で、地上一・三メートルでの幹周りは二四メートルながら、地表近くでの幹周り（根周り）はこれよりはるかに大きく見える。反対に、見上げた感じからいえば、このクスノキはそれほど大きくはない。つまりこの巨樹は大きな三角錐のような形をしていて、そのことで安定を保っているかのように見える。むろん日本最大の巨樹であるから大概の大きさではないのだが、幹がある程度の高さまでその幹周りを保っていたとするならばその威容は今をはるかに凌いでいたに違いないと思われる。

幹の一部に、芯近くまでえぐれたような跡があり洞《うろ》になっているが、あまり痛々しい感じは受けない。巨樹の中には洞のためにもはや自立不可能なまでに朽ちたものも多いが、蒲生のクスノキはまだしゃんと自分の力で立っている。「蒲生の大楠」はどっしりと大きい。

この巨樹の手前に、もう一本クスノキの巨樹がある。大楠と比べてしまえばたわいのない大きさなのだが、これ単独で見ればそれはもう十分な巨樹である。この「小巨樹」を「蒲生の大楠」と勘違いする人がいるためだろうか、そばには「大楠はこの奥にあります」という看板が立っている。それほどに大楠は大きいのである。

「蒲生の大楠」は海岸からはやや離れたところに立っている。この巨樹はどういう経緯で今にまで生き延びることができたのだろうか。

来宮神社の大楠

東京駅から西に向かう新幹線の列車が熱海駅を出てすぐ、短い最初のトンネルを抜け

「来の宮の大楠」
地上すぐのところで、２つに分かれた幹の
大きい方は、地上5mくらいのところで失われているが、
残された幹は強くそそりたち、巨岩のように見える。

「川棚のクスの森」
遠目には幾本ものクスノキの群落ででもあるかのように、
縦に走る腱は巨大な枝となって四方八方へ伸び広がっている。
「お父さんの力瘤」のような圧倒的な強さを感じさせる。

たところで、進行方向右側に一瞬その姿を見せてくれるのが来宮神社の巨樹である。その名を「来の宮の大楠」という。

来宮神社は、蒲生の八幡神社と違って境内が山に迫り、いかにも神社のそれらしいうっそうたる雰囲気に包まれている。いくつかの階段を上った境内のいちばん奥に、その巨樹はたたずんでいた。境内が狭い分、この巨樹の威容はいっそう際立って感じられる。「来の宮の大楠」は岩のように大きい。

実はこの樹は地上すぐのところで二つに分かれ、しかも大きいほうの幹は高さ五メートルほどのところから上の部分が完全に失われてしまっている。だが残された部分の幹は全周にわたってほぼ垂直にそそり立っていて、それがこの巨樹を横たわった巨岩のように見せている。もし地上部が残されていればいかほどであったかと、いやでも想像させられるような雰囲気を漂わせている。樹勢保護のため、巨樹の直近には近づけないようになっているものの、細い道が周囲をぐるっと取り囲んでいて、あらゆる方向からこの巨樹を見ることができる。

この巨樹もさきほどの「蒲生の大楠」同様、樹勢は今なおも盛んであり、春の新緑はみごとであるし秋には膨大な数の実を残す。生命である以上いつかはその灯の消えるときが来るのであろうが、少しでも長く生き続けてほしい。しかし命尽きたあとあまり無残な姿をさらしてまでその場に置かれてほしくはないと、私は勝手に思っている。

なお環境庁（当時）の調査ではこの巨樹は日本第二の巨樹であるが、その後の実測ではこの巨樹の幹周りは一八メートル余りだそうで、日本第二位の地位からは滑り落ちてしまう。巨樹もこれほどの大きさになるとどこが幹周りなのかはっきりしないものも多い。ここは計測値がどうのというより、それぞれの巨樹の個性を見るのがよい。私はそう思う。

川棚のクスの森

幹周りが一〇メートルを超えるような超巨樹になると、幹のどこかには欠損があり、あるいは大きな洞《うろ》があいたものが多くなる。あるいは先に書いた異形《いぎょう》の株がとたんに多くなる。ところが中にはこれだけの大きさになりながら、しっかりと自分の力で立っている巨樹も少数ながら存在する。山口県豊浦町《とようら》の「川棚のクスの森」もそのひとつで、大きな洞もなくしっかりと大地に立っている。その大きさを感じさせないというか、とにかく樹勢はまだまだ盛んで、先に紹介した二大横綱などと比べるとまだまだ青ささえ感じさせる、そんな巨樹である。

「クスの森」という名が示すように、巨樹は遠目には幾本ものクスノキの群落であるかのように見えた。響灘《ひびきなだ》に面した川棚温泉から長門に向かって県道を少し山寄りに走ったところに、「クスの森」の標識があった。標識にしたがって三叉路を右に曲がると、「森」は道の左側、少し小高い山の斜面に見えてくる。私がそこを訪れたのは連休が明けたばかりの雨模様の日であった。周囲の山にはシイノキが多く、あざやかな黄色や薄褐色の新芽が山肌をおもしろいように塗り分けている中で、クスの森だけはあざやかな浅緑色に輝いて見えた。クスの「森」が「白芽」の株であることがそれで知れた。

クスの森の袂《たもと》には車で入ることができない。道端の専用駐車場に車を止めてそこから二〇〇メートルばかり、みかん畑の中の歩道を歩く。みかんの白い可憐な花から発散された、独特の、甘い香りがそこら中に漂っていた。歩道をいきついたところ、そこがクスの森の袂である。

周囲が一〇メートルにも達する幹には隆々たる腱が縦方向に幾本も走り、それぞれの腱の先はりっぱな枝となって四方八方に伸びている。腱の形相は、さしずめ二の腕に子どもをぶらさげたお父さんの力瘤、とでもいった感じで、この樹が持つ力強さはここに由来するのであろう。写真を見るだけではこの樹の大きさは想像ができない。だが、枝の一本一本が巨樹に相当する太さを持っていると解説をつければ、この樹の大きさが想像できるかもしれない。

これだけの太さの枝が二〇メートルもの長さにわたって広がるさまはまさに森であり、この樹を見たとき、私は昔の人がこの巨樹に森の名を与えた意味がわかる気がした。しかしさしもの力持ちも二〇メートルもの枝を支えきることは困難なようで、何本かはその先を地面につけている。そのおかげであろうか、おもな枝たちは折れることなく数百年の時を過ごすことができたものと思われる。

大三島のクスノキの群れ

本州と四国の間には現在、三本の道が通っている。そのいちばん西にあるのがしまなみ海道。広島県尾道市と愛媛県今治市を結ぶルートのまたの名である。しまなみ海道が走るこのあたりはもともと村上水軍の本拠地だったところである。彼ら水軍の勢力はおそらく近世に入るまで政治的、文化的独立を保っていた。中央の勢力も幾度も瀬戸内を去来しながら、彼らを完全にその傘下に治めることはできなかった。

村上水軍は大海原を南方に広がる広大な交易圏を、船で縦横に往き来した人びとの末裔であったようだ。するとこの交易路は、かつて柳田國男が「海上の道」と呼んだ海道であり、船を操ることは彼らのもっとも得意とするところであったのだろうか。その流れは、はるか縄文のむかしに南方からイネやその他の文化要素を運んできたものにつながるのではないか。船はクスノキの船が多かったことだろう。実際クスノキは、海上の道沿いの台湾や中国の沿海地方にも多く分布する。

村上水軍の守護神ともいうべき神社が、この島に残されている。大山祇《おおやまずみ》神社である。神社の境内とその背景の森には、数十本のクスノキの巨樹が残されている。巨樹の中でも、神社の正面前にある巨樹は幹周りも一一メートルという威容を誇っている。加えて、その品格の高さで他に抜きん出ていると思う。

もしクスノキに雄雌の別があるとするなら、この巨樹は間違いなく「雌株」であると、多くの人が思うだろう。それほどにこの巨樹は女性的ななまめかしさを持っている。枝ぶりは、天に向かってそそり立つというよりはどちらかというとしなやかに湾曲している。幾人もの天女が衣をまとって舞っているような感じを受ける。夜ともなればこの巨樹は、月明かりに照らされて妖しい光を放つのではないか、そうも思われるほどにこの樹が醸し出す雰囲気は妖しい。

この巨樹から一〇〇メートルほど手前、ちょうど今の社務所の前には、命の灯を消してしまったかに見える老樹の遺骸が残っている。正面の巨樹の一世代前の巨樹だったのであろうか、あたりを威圧し、周囲の生き物たちにはかりしれない影響力を与えた往時の力強さは、もうない。しかし骸《むくろ》と化したその幹の表面にはいまだ木目がくねったよう

上＝大山祇神社の境内
右に大きなクスノキがそびえている。
枝ぶりは女性的、しなやかさすら感じさせる。
下＝大三島　瀬戸内海を渡る「しまなみ海道」もここを通る。

大山祇神社に残るクスノキ老樹
骸と化した幹の表面には
いまだ木目がくねったように走り、
生前のはげしい闘争の歴史を
物語っているかのうようだ。

に走り、生前のはげしい闘争の歴史を物語っているかのようである。木目にすさまじさが残る間は、いかに老いさらばえ骸と化したかに見えようとも、命の火はまだ完全には消え尽きていないのかもしれない。

二本の巨樹の間には、おそらく千年単位の時間の断絶がある。今は骸となり果てた老樹が盛んだったころには、この前に社の中心がおかれていたに相違ない。当時の島や瀬戸内をはさむ山々の森はどのような状態にあったのだろうか。この巨樹たちの威容が目立たないほどに多くの巨樹があたりに生息していたのであろうか。

武雄の巨樹群

クスノキの巨樹たちはしばしば群れをなす。ただし群れといっても、巨樹が隣り合って生えるような群れもあれば、あそこに一本ここに一本というようなまばらな群れもある。前者の例としては、本書でも紹介した神奈川県真鶴町の「灯明山」や熊本城跡の

「藤崎台の巨樹群」、あるいは福岡県太宰府市の太宰府天満宮のクスノキ群落などがあげられる。佐賀県武雄《たけお》市一帯の巨樹群は後者の例で、二本の巨樹を同時に見ることはない。この巨樹群を構成するのは四本の巨樹である。四本と少ない上に、二本はほかの二本からはそれぞれ約八キロ離れている。

だが、武雄の巨樹群に属する巨樹たちはひときわ大きい。まず幹周りで最大の巨樹は、同市川古《かわご》地区にあって、幹周り二一メートルで全国三位という。ただし高橋弘さんによると幹周りは一六・六メートルで全国一一位ということになるが、それにしても大きい。幹周りの値が測定者によって大きく異なるのは、幹の台部が三角錐のような格好をしているからである。だから地上部すれすれのところ（根周り）は三三メートルもあるという。

川古地区は武雄から伊万里に抜ける街道沿いにある。あたり一帯にはなだらかな山々に囲まれたのどかな田園風景が広がっている。海からはやや遠く、伊万里湾からも有明海からも直線で一五キロほどあるが、有明海の干拓地がむかし海だったことを考えれば、有明海からの距離は今よりもう少し近かったのかもしれない。さてこの巨樹は伝承によ

武雄市川古の「川古の大楠」
伝承に寄れば、日本でもっとも古いクスノキ、ということになる。

「武雄の大楠」　巨大な洞の中には祠が祀られている。
どんな神がいらっしゃるのだろう。

る樹齢が三〇〇〇年で、クスノキの巨樹の中では全国でももっとも古いことになる。ただし幹の中心部にまで洞《うろ》があって正確な樹齢を知る術は今のところない。

武雄市内の武雄神社には幹周り一九メートルとも二〇メートルともいわれる「武雄の大楠」がある。町の中心部の御船山の山すそにある茶畑に沿ってゆるい坂道を少しのぼったところに、この巨樹はあった。まわりは木々に囲まれ、うっそうとした鎮守の森の雰囲気が漂っている。見上げるその姿は文句なしに大きい。幹の中央部は根元から上のほうまで大きな空洞があって、外からこの空洞の内側に向かって石段が敷かれている。空洞の中は——今は巨樹の保護のため中には入れないようになっているが——一二畳ほどもある空間になっていてそこに祠が祭られているのだという。空洞は巨樹の幹全体に及んでいるようで、幹はその外皮の部分だけで立っているように見える。しかしそのわりに痛々しさはなく、多少の支えはあるものの大枝を下から支えるようなものものしい支柱は立っていない。雄叫びをあげる大楠といったところだろうか。私はしばしこの巨樹に見とれ動けないでいた。

武雄の大楠から数百メートルほどのところ、武雄市文化会館の裏山にも塚崎の大楠と呼ばれる巨樹がある。これも幹の中央はぽっかりと大きな空洞があき傷みがはげしいが、幹周り一三・五メートルは県下第三位とされる。

残りの一本は武雄市の南東、有明町辺田というところにあり幹周りは一〇メートルという。

薫蓋のクス

大阪平野の北東部、門真《かどま》市の三ツ島という集落の中に「薫蓋《くんがい》のクス」と呼ばれる巨樹がある。幹周り一二五〇センチという大きさは、大阪平野はもちろん近畿地方随一のものである。地図で見ると三ツ島は地下鉄「長堀鶴見緑地線」の終点「門真南」駅からすぐのところにある。

地下鉄の電車を降り、地上にあがって周囲を見渡してみる。すると北東の方向に、この巨樹の梢とおぼしきあざやかな緑の森が家々の甍《いらか》の向こうに見えていた。それほどに

塚崎の大楠
武雄市のクスノキ巨樹群のひとつ。
幹の中央はぽっかりと大きな空洞になり、痛みがはげしいが、
気力でそそり立つように、枝は天を向いている。

「薫蓋のクス」
大阪府門真市の三ツ島神社の奥に立つ。
岩山のような幹から、太い枝を四方八方に
思い切り伸ばした「きかん坊」のようなクスノキ。

この樹は大きい。

三ツ島はむかしながらの集落で、村の中を狭い道が不規則に通っている。巨樹は、おそらくはこの集落の中心にあると思われる三ツ島神社のいちばん奥まったところに鎮座している。薫蓋のクスは土地の人びとの信仰を集め生活をともにしてきたのであろう。

巨樹は地上二メートルほどのところから先で複雑に枝分かれしている。枝の張りはみごとなもので、太さが優に一メートルを超えようかというような大枝が四方八方に伸びている。そのうちの一本は主幹からほぼ真横に張り出し、格闘技の選手がその太い腕を振り回しているような格好になっている。クスノキの樹形を人の人格になぞらえるなら、「薫蓋のクス」はきかん坊といったところである。幹周りのわりに高さはないようで、この巨樹が全体に横に広がっている感じが強い。さきほど甍の上に梢が見えると書いたが、この巨樹がもし上に向かって立つ樹であったなら、梢はもっと高く、したがってもっと大きく見えたことだろう。

いずれにしても「薫蓋のクス」はまだ樹勢もさかんで巨樹のオーラを発し続けている。地下鉄の開通にともなって、集落の外側にはマンションや郊外型の住宅が増えつつある。

ここに住む新住民たちは、果たしてこの巨樹を自分たちの宝として大事にしてくれるであろうか。

なお「薫蓋」の名前の由来は、幕末の公家左少将千種有文の歌碑「薫蓋樟　村雨の雨やどりせし唐土の松におとらぬ楠ぞこのくす」からきているという。

住吉さんで

すみよっさん。大阪の人びとは住吉大社のことをそう呼んでいる。神社正面の朱塗りの太鼓橋は、そこを訪れたことのない人にもよく知られている。住吉神社というと海の神様をまつる神社である。そういえば各地に点在する住吉神社はどこも海にゆかりが深く、また実際海岸近くにあるものが多い。今のすみよっさんは大阪湾から数キロ離れたところにあるが、古代には遣隋使や遣唐使がここから船出をしたともいわれる。

すみよっさんの社叢はクスノキの巨樹が群生する森でもある。とくに大社のもっとも

上＝思いがけずに頂戴した俳画
下＝森田青霞画伯と大楠住吉神社のクスノキの前で。クスノキ巨樹のエネルギーは不思議なことに、訪れる者の身内にも力を蘇らせるのかもしれない。

奥まったところにある分社のひとつ楠珺社《なんくんしゃ》にある巨樹は幹周りが九八〇センチというものである。この巨樹は、幹の北半分が大きくえぐれているものの、南の半分は健康そのもので、かつ天に向かってまっすぐ伸びている。「薫蓋のクス」の岩山のような幹とは、趣のまったく違う幹をしている。太さが一〇メートルに達しようかという巨樹の幹が天に向かって峻立する姿には圧倒されずにはいられない。

この巨樹を訪れたその日、私はたまたまそこにおられた翁に巨樹の前に立ってくれるようお願いした。巨樹の大きさは写真ではなかなか表現しきれない。こうしてつたない文章に表現してみても、もうひとつその迫力を伝えきることができない。そこで可能な限り人物をいっしょに写すようにしているのだがそれもなかなかままならない。そこでこのときはたまたまそこにおられた翁に声をかけた、という経緯であった。

翁は気軽に応じてくださった。そして、カメラひとつぶらさげて巨樹を見にきた私に興味を示されたようであった。写真を撮って立ち去ろうとする私を制して、一枚の俳画を描いてくださった。聞けば森田青霞画伯であるという。80頁の絵がそれで、句には

草笛や老いも未だ息ゆたか

とある。今年九四歳になられるとは見えない若さと俳画に対する意欲には正直脱帽の思いであったが、それも案外クスノキのエネルギーのなせる業なのかもしれない。

中国杭州のクスノキ巨樹群

中国・浙江省の州都杭州《ハンチョウ》は、かつてここを旅したマルコ・ポーロが東洋一と絶賛したほどの美しい街である。杭州付近は茶の産地でもありまた近くには歴代の窯もあるので、日本からも多くの観光客が訪れる。街の中の街路樹の多くはクスノキである。杭州の街にクスノキがたくさん生えていることは多くの人が知っておられよう。だが、この街の中に多くのクスノキの巨樹があることはあまり知られていない。街の中心からやや南寄り、杭州湾に面した高台の上に六和塔がある。塔の境内や、境内を杭州湾のほうに下りたところにクスノキの巨樹が二本ある。どちらも「杭州市名木」にも指定される樹木で、幹周りも六メートルに達しようかという大きさである。

中国杭州のクスノキ巨樹群

クスノキの巨樹は、杭州の街を西に一五キロほど行った良渚鎮にも見られた。鎮とは中国の行政単位で、県や市の下の単位（中国では市と県とは並列の単位で、しかも市のほうが人口や規模が大きい）。良渚はかの有名な良渚遺跡のあったところで周囲一帯には遺跡が点在している。そのひとつ、大莫角山という小高い山のたもとにも、直径が優に一メートルを超えようかという巨樹があったのを思い出す。また杭州から南西方向、銭塘江を少し遡ったあたりにも幾本かの巨樹が点在していた。

中国では森の破壊は日本よりはるかに

進行している。それは、ここに人が住むようになってからの時間の長さを無言のうちに物語っているかのようである。山にも巨樹を見ることはまれである。土地という土地には人の手が加えられ、いわゆる天然林などという森は、——特別に保護された区域にでもいけば別だが——ほとんどない。それにもかかわらず人口密度の高い杭州一帯にクスノキの巨樹群が見られることは、そこが中国におけるクスノキ巨樹のセンターだったのかもしれないことを示している。

杭州から東の方角にかけても、クスノキの巨樹がところどころに見られる。杭州湾沿いを東に、東シナ海に達したところにある寧波《ニンボウ》の町もまた、クスノキゆかりの町である(199頁参照)。そういえば遣隋使船、遣唐使船の東の終点が難波江の住吉宮とすればその西の終点がこの寧波である。両地のクスノキにも何かの縁《ゆかり》があるのかもしれない。

第3章

クスノキはいつから日本列島にあったか

日本列島二万年

日本列島には幾多のクスノキの巨樹が存在する。これだけ人口密度の高い土地で、これほど森が伐られてきた環境のもとで、これほどの数の巨樹が残っている背景には、人による保護があったと考えるのが自然であろう。つまり、日本人はクスノキ、とくにその巨樹を保護してきたのであろうと私は思う。では、日本人がクスノキを愛し大事にした理由は何か。そして、クスノキはいったいいつから日本列島にあったのか。

地球温暖化が問題にされるが、ここ数万年の地球は氷河期と呼ばれるほどの寒冷な時期と、氷河期と氷河期の間（間氷期）との繰り返しに明け暮れた。最後の氷河期は今から二万年少し前に終わり、それからは比較的温暖な気候が続いている。しかしこの二万年の間でいちばん気候が温暖であったのは今から六五〇〇年ほど前のことで、そのときから比べると現在の気温は平均して二、三度ほども低い。

こうした温度の変化は古い時代の地層中から取り出される花粉の種類から推定されたものなので、その時代時代にどんな植物が生えていたかが一次的な資料となる。具体的には、考古遺跡や古くからある湖の湖底にたまる泥の層を静かに取り出し、その中に含まれる花粉を顕微鏡で観察して、どんな種類の花粉があるかを調べるのである。そうすれば、その遺跡あるいは湖近くにどんな植物があったかがおおよそ知れる。花粉の年代は、考古遺跡の土の場合にはいっしょに出土した有機物の年代を調べることで知れる。湖底の堆積物の場合はもっと正確で、年縞《ねんこう》と呼ばれる、一年にひとつずつできる縞模様の数を数えることで知れる。

こうした方法で日本列島の環境の変遷を調べている安田喜憲さんによれば、日本列島の森はこの二万年の間に大きな変遷を遂げている。安田さんによるとクスノキを含む照

ヤマモモ

シラカシ

葉樹（常緑広葉樹）は、氷河期が終わってしばらくして（おそらく一万年前ころに）北進をはじめ、北日本を除く列島全体にしだいに広がっていったようである。もっとも、クスノキの花粉は地中に残りにくいらしく、古い地層からクスノキの花粉は出てこない。残念ながらこの方法では、クスノキがいつから日本列島にあったかを知ることはできない。

照葉樹という樹木

照葉樹とは、呼んで字のごとく、葉がきらきら光って見える種類の樹木をいう。具体的にはクスノキのほか、常緑のカシ、ヤマモモ、シイ、タブノキなどの樹木で、

シイノキ

これらは日本列島の西南の地域に生える常緑の樹木たちである。

日本列島の東・北のほうや、西南日本の山の高いところには、秋になると落葉する落葉広葉樹が広く分布する。樹種の例をあげてみると、ケヤキ、クヌギ、サクラ、ブナなどである。別な角度からいえば、これらは、秋の紅葉（あるいは黄葉）の美しい樹木たちでもある。

照葉樹が分布する範囲は、日本列島では西南部であるが、アジア大陸では韓半島の最南部、中国の長江流域の南側からヒマラヤ山脈の南麓にかけての細長い地域に限られる。もっともこれらの地域の多くの場所では樹木は切られ往時の森の姿を見るのはむずかしい。この照葉樹林の地域に成立したといわれるのが照葉樹林文化と呼ばれる文化である。それは、もち性の穀類を栽培する、絹

ブナ（高橋秀男提供）

ケヤキ

や竹を利用する、麹《こうじ》（かび）を使った発酵食品をもつ、焼畑の農業をおこなう、歌垣と呼ばれるマッチングの習慣がある、などの共通項でくくられる文化であるという。

クスノキを持つ、使うという文化は照葉樹林文化のひとつの要素なのかもしれない。あるいはそこまで結論を急がずとも、ここではクスノキの広がりは照葉樹林文化の広がりと重なっているところを指摘しておくことにする。

照葉樹たちの北進

照葉樹林が日本列島で北進を開始したのはむろん気候の温暖化にその一因があるが、植物にはもともと足がない。樹木の移動を助けるものは一部は風や水の動きであるが、鳥たちがこれに果たした役割も無視できない。

クスノキはどのようにしてやってきたのか。おそらく、照葉樹の多くは、人の手を借りずにそれ自身の力で列島に渡来し、列島内を北進した。むろん「それ自身」といっても、足のない植物が自分で歩いて移動するはずもなく、鳥やほかの動物たちがそこに介在していることは疑いない。「それ自身」とは人の手を借りず、という意味である。だがクスノキはどうか。私には、クスノキが人の手によって運ばれたのではないかと思われる。

人の手で運ばれた植物には大きくいって二つの種類がある。ひとつは、食料、衣料などの原料として、なんらかの目的があって積極的に運ばれてきたものである。イネやヒョウタンなどの栽培植物がそれにあたる。ただし注意を要するのは、「役に立つ」という判断が必ずしも今の私たちの判断にはよらないということである。今の私たちには何の役に立ちそうもなくとも、昔の人びとには役に立っていたものがあるかもしれない。

もうひとつのケースは、人が運んだ動植物にくっついてきたものたちである。この場合人にはその植物をつれてきたという自覚はない。雑草などがそれにあたる。これらは随伴植物と呼ばれる。随伴植物は、いわば招かれざる客のようなものである。

クスノキの場合、どちらにあたるのか。私は前者にあたるのではないかと思う。つまりそれは、人が意図して運んできたのではなかったかと思う。

山口県楠町で聞いたこと

二〇〇二年春、私は所用で山口県を訪れた。目的地は山口市内と島根県・津和野にほど近い阿東町であったが、なかなか訪問の機会のない土地であったので、これを機会に県内のクスノキの巨樹をたずねてみることにした。といっても与えられた時間は限られており、実際にたずねることができたのは玄界灘にほど近い豊浦《とようら》町の「川棚のクスの森」と、瀬戸内側にある楠《くすのき》町船木《ふなき》の八幡神社の巨樹の二本だけであった。ここでは楠町での出来事を書いておく。なお川棚の巨樹の姿については前章に紹介したとおりである。

楠町で私がたずねたのは、町のはずれにある八幡神社であった。ちょうどご在所であった宮司さんに来訪の意図を告げ、クスノキの巨樹の枝先三〇センチばかりをいただいたあと、礼を述べてお宮を立ち去ろうとしたときだった。宮司さんのふとしたつぶやきに、私は思わず足を止めた。

「そういえば有帆川《ありは》の改修のとき、川底からクスの大木が出てきたと聞いたことがある」

「そのクスノキは、今もまだどこかにあるのですか」

私は聞いてみた。宮司さんは、しばし考えた後、少しの間をおいて、

「小野田の市役所に聞いてみればわかると思うが」

と言われたのだった。

有帆川は楠町を流れて小野田市で瀬戸内海に注ぐ小さな川である。有帆はその流域にある集落の名であるが、この地名の語源をめぐって、後述するようにおもしろい言い伝えがある。

地図を見ると小野田市は楠町の南に接し、車なら半時間もかからずに行けそうであった。私は車を小野田の方角に向けて走らせてみることにした。実は小野田まで足を伸ばしてみようと思った理由はもうひとつあったのだが、あいにくその日は日曜で、市役所

楠町船木にある八幡神社のクスノキ
ＤＮＡを調べるためのサンプルをいただき、
ついでに、宮司さんから、貴重な情報を得ることができた。

は閉まっていた。

帰宅してすぐ、私は小野田市役所と連絡を取ってみた。八幡宮の宮司さんの言われた有帆川のクスノキの話の真偽のほどが知りたかったためである。幸い市役所からは、歴史民俗資料館の河野館長からご連絡をいただくことができた。河野館長によると、有帆川の川底から出てきたクスノキの根株は、長さ約七メートル、太さは一メートルを優に超えようという代物であった。太さ一メートルといえば現在の巨樹の条件（地上一・三メートル高での幹周りが三メートル以上）を満たす値である。気になるのはその年代であるが、これだけの根株が埋まった年代を正確に推定することはさすがに困難であり、倒壊の正確な年代は今もまだ知られていない。だがこの根株が接する地層の中には六四〇〇年前の鬼界《きかい》カルデラの大噴火で積もった、アカホヤと呼ばれる火山灰層が含まれている。有帆川のクスノキは、古ければ数千年前に倒壊したクスノキである可能性もある。そしてこれが、私が知る限り日本列島では最古のクスノキのサンプルということになる。

私は再度館長さんにお願いしてそのクスノキのかけらをいただくことはできないかとたずねてみた。幸い、資料館からは許可が出て、長さ三〇センチ幅一〇センチほどの材

縄文時代の遺跡（日向遺跡）から出土したクスノキの材　送られてきたクスノキのサンプルからは、封を開けた瞬間、ほのかにクスノキのよい香りが漂ってきた。

が送られてきた。数千年の時を経た材はさすがに傷みがはげしく、持った手には軽く感じられたが、その材質はまごうことなくクスノキのそれであった。私は心から資料館と館長さんに感謝した。

縄文クス

縄文クスという語はまったくの私の造語だが、読んで字のとおり縄文時代に生を受け、今にその証をとどめているクスノキという意味に捉《とら》えていただきたい。

縄文クスは有帆川の埋没樹のほかにもまだある。神戸市垂《たる》水《み》区の日向遺跡からは縄文時代後期のものと見られるクスノキのかけらが多数見つかっている。この話を聞きつけて、私はさっそく遺跡の丸山さんに話を伺ってみることにした。そしてここでもまた、発掘担当者の丸山さんなどの好意によって一片のサンプルを入手することができた。

送られてきたクスのサンプルの封を開けた瞬間、ほのかにクスノキのよい香りがしたような気がした。一瞬のことであったので私は自分の嗅覚を疑った。いくら後期とはいえ、縄文時代の木のかけらである。芳香の成分がまだ残っているとはとうてい考えられなかった。おそるおそる遺物に鼻を近づけてみると、いや、確かに香るのである。香りの成分は三〇〇〇年もの間、その木切れの中に封じ込められていたのである。それは確かに、縄文時代の香りなのであった。そのとき私は、縄文人がクスノキを積極的に植え、使った気持ちが理解できたような気がした。

静岡県清水市（現在の静岡市）の神明原・元宮川遺跡からは、縄文時代晩期のものと思われる、クスノキの材で造られた丸木船が出土している。船にするからには相当の大径木が必要である。材を組み合わせて造る建造船ならばともかく、一本の丸太をくり貫いただけのいわゆる丸木船の場合、もとの材の太さがそのまま船の幅になる。だからそれなりの大きさの船を造るにはそれなりの太さの材が必要となる。

材質も重要で、あまり密度の高い木は重く、船材としては適当でない。水に弱ければ船材としては不適格である。クスノキの材は比較的軽く、また水にも強いようである。『日本の遺跡出土木製品総覧』には各地各時代の遺跡・遺構から出土した木の製品あるいは自然木（人による加工の跡が認められない木材）がリストアップされているが、クスノキは船材にされたケースが多い。さらに中には以下に述べるようにクスノキの丸太で井戸枠を造った例もある。

大むかしの人びとはなぜクスノキを使ったのか

大阪府和泉市の池上曽根遺跡からは、大きな井戸枠が出てきて話題をさらった。一九九五年のことであった。この井戸枠は直径二メートルを超える円形で、一本の巨樹をくり貫いて造ったものであった。そしてその樹種がクスだったのである。池上曽根遺跡は巨大な神殿跡が見つかったことでも知られている。井戸枠が造られた時代は今から約二一〇〇年前。その井戸枠に使われた木の樹齢を知る由はないが、おそらくは数百年はくだらないであろう。するとそのクスノキは二五〇〇年より前に生を受けたものと想像される。

さて、当時ここに住んだ人びとは何ゆえにクスノキの巨樹をくり貫いて井戸枠にしたのだろうか。大きな理由のひとつは巨樹であったという点であろう。一本の木をくり貫いて井戸枠にするのだから、細い木では用をなさない。では大きい木ならばなんでもよかったのか。おそらくそうではあるまい。たとえば、クスノキは樟脳を含むためにクスノキをくり貫いて水を溜めるとボウフラがわかなかったとか、あるいはそれは神聖な木と信じられていて、そのためにわざとクスノキを選んだとかの理由があったのかもしれない。このあたりのことは想像の域を出ないのでこれ以上の論及を避けるが、クスノキが神聖視されていた、という仮説には魅力がある。大和に大きな王権が発生して国つくりがスタートする過程の少なくとも前半までは、クスノキは神聖視されていた。私はそう思う。

いずれにしてもクスノキは縄文時代から日本列島にあった。つまり縄文クスは確かに

クスノキの井戸枠（復元）
大阪府和泉市の池上曽根遺跡から見つかった、
直径２メートルを超える円形の井戸枠で、
１本のクスノキの巨樹をくり貫いて造ったものであった。

存在した。そしてそれは人びとの生活にいろいろな意味で溶け込み、その意味で人びとに利用され続けてきた。

第４章　クスノキ巨樹の配置に隠された秘密

不思議な並びかたをするクスノキ巨樹たち

ところでクスノキの巨樹たちの生えかた――地図の上での分布――を見ていると、そこに偶然とは思えないある種の法則性が感じられることがある。巨樹たちが一列上に並んでいたり、その位置が天文学上、あるいは暦学上きわめて特異な位置であったりする。その並びかたは到底、偶然の産物とは思われない。とすれば、その並びは人の行為の所作ということになる。太古の人びとはクスノキを使って何かメッセージを残そうとしたのではなかったか。たとえば彼らは、その特異点上に、あるいはある線上に、クスノキを植えたのではなかったか。だとすれば彼らの子孫はその後数百年もの間、祖先の意図を汲《く》み、植えられた株を巨樹にまで仕立て上げた可能性もある。いずれにしてもこの法則性を明らかにすることは、日本人のクスノキ観ひいては自然観を知るひとつのよすがとなるであろう。

ここではまず、『古事記』や『日本書紀』などの説話にあらわれた巨樹たちの位置から話を進めてみたいと思う。

「兎寸」の高樹

「仁徳記」(『古事記』下巻)には一本の巨樹を伐って船を造ったという話が登場する。

此の御世に、兎寸《き》河の西に一つの高樹ありき。其の樹の影、旦日《あさひ》に当たれば淡道《あわち》島に逮《およ》び、夕日に当たれば高安《たかやす》山を越えき。故《かれ》、この樹を切りて船を作りしに、甚捷《いとはや》く行く船なりき。時にその船を号《なづ》けて枯野《からの》といふ。故、この船を以ちて、旦夕《あさゆう》に淡道島の寒泉《しみず》を酌《く》みて、大御水《おおみもい》献りき。この船、破《や》れ壊《こぼ》れたるを以ちて塩を焼き、その焼け遺《のこ》りし木を取りて琴を作りしに、その音七里《ななさと》に響《とよ》みき。（日本古典文学大系1『古事記祝詞』岩波書店より）

ここで「此の御世」とは仁徳天皇の時代をいう。また免寸《とのき》河とは、真田さんはじめいくつかの古事記解題によると、今の大阪府高石《たかいし》市富木《とのき》を流れていた川のことらしい。よほどの巨樹であったようで、朝日が昇るときの影が淡路島に達し、反対に夕方にはその影は高安山（大阪府と奈良県境にある山、標高四八八メートル）を越えたというのである。もっとも影が高安山を越えるにはこの高樹の背丈もそれほどの高さがなければならなくなり相当の誇張を含んでいると思われるが、周囲に抜きん出た高さを誇っていたことは確かと思われる。

もっともこの高樹について『古事記』には「ひとつの高樹」とあるだけで、樹種についての具体的な記述はない。私はこの樹はクスノキではなかったかと思っているが、その根拠は以下のようなものである。まず、大阪周辺に生育する樹種のうち、巨樹になることで知られているのは、クスのほか、スギ、ヒノキなどごく限られた樹種だけである。この巨樹は伐られ船に造られたことになっている。古来、船に使われた樹種は、クスノキのほか、スギ、カヤなどであるが、大阪平野の当時の気候や現在の植生を考えるとクスノキの可能性が高い。さらに、後に述べるようにこの『古事記』の説話とよく似た説話が『播磨国風土記』にも登場するが、『播磨風土記』にはクスノキという名前がちゃんと登場する。

等乃伎の位置に隠された秘密

さて『古事記』のいう「兎寸」がどこであったか。この問題はクスノキの分布に人の意思が強く関係していることを示す強い証拠となると思われるので、詳しく書いておきたい。

高石市富木には今も等乃伎《とのき》神社という神社があり、神社の縁起には『古事記』のいう「高樹」はこの等乃伎にあったと書かれている。等乃伎神社の位置がこの巨大クスノキのあった土地なのであろうか。私はさっそく国土地理院の地図を広げてみた。等乃伎神社の位置は北緯三四度三一分四秒、東経一三五度二七分三四秒にあたる。私は五月のある日、等乃伎神社を訪れてみることにした。

私が等乃伎神社を訪れた日は、この季節にはめずらしく大雨であった。やむなく私は、前夜投宿したホテルのクロークに荷物を預け、カメラをひとつぶら下げてJR阪和線の電車で鳳《おおとり》駅に赴いた。鳳駅へは、大阪の南の玄関口天王寺駅から快速電車で二〇分ほど。遠くはない。鳳駅の北西すぐのところには大鳥神社があり、古くから由緒のある神社として知られている。私は鳳の駅前でタクシーを拾い、神社を目指すことにした。

大阪の衛星都市には高度成長期に急速に膨れた町が多く、それまでのあぜ道がそのまま舗装されて駅前通りになったようなところが多い。鳳駅の東口も例外ではなく、車がすれ違うのがやっとのような道が、無秩序に交差しあっている。そのような狭い道を右に曲がり左に曲がりして着いた等乃伎神社は、地図で想像していたよりはるかに街中にあった。『古事記』にその地名が登場するだけのことはあって、等乃伎神社はそこいらの破れ神社とはちょっと違った趣のある神社であった。境内はそう広くはないがきれいに掃き清められ、手入れもすみずみまで行き届いている。巨樹というには物足りないが、クスノキも何本か生えている。季節はちょうどクスノキの花が咲いたばかりの時期で、受精しなかった無数の花が落ち、きれいに掃き清められた境内を埋め尽くしていた。境内には神社の縁起を記した説明板がおかれている。それには神社の縁起が次のように書かれている。

「古事記下巻仁徳天皇（三一三〜三九九）の段に記載されている兎寸河《ときがわ》のほとりの巨木説話から、この地が、古く先史時代の樹霊信仰と、高安山から昇る夏至の朝日を祭る弥生時代の農耕民族の祭祀場、つまり太陽信仰の聖地であったとされています」（原文のまま）。要するにこの説明によれば、等乃伎神社の位置は高安山の南西の方角、その地に立てば夏至の日には太陽が高安山の頂から昇る位置関係にあることになる。本当だろうか。

式内 等乃伎神社縁起
●古事記下巻仁徳天皇(三一三～三九九)の段に記載されている兎寸河(ときがわ)のほとりの巨木説話から、この地が、古く先史時代の樹霊信仰と、高安山から昇る夏至の朝日を祭る弥生時代の農耕民族の祭祀場、つまり太陽信仰の聖地であったとされています。
●その後、奈良時代の天平勝宝四年(七五二)五月、古代祭祀を司る中臣氏の一族、殿来連(とのきのむらじ)竹田売が祖神天児屋根命をこの地に奉祀し、大政大臣藤原武智麻呂、その子大納言恵美押勝(藤原仲麻呂)が相次いで、この里に来住したと伝えられています。

等乃伎神社（上）と神社の境内にある等乃伎神社縁起（下）　大阪の衛星都市のひとつ高石市富木にあり、古くからの由緒があるだけに、街中にあっても、よそとはちょっと趣の異なる神社であった。

等乃伎の位置の暦学的特異性

地図を広げてみよう。等乃伎から見ると高安山山頂は真東から二七度半北の方角にある。夏至の日とはいえ、太陽はこんなにも北から昇るのだろうか。実はまったく迂闊なことに、私は夏至の日の太陽は真東から北に二三度半、つまり地軸の傾きと同じだけ北から日が昇るものとばかり思っていた。だから二七度半は四度の誤差を伴っているように思えたのである。

念のため、私は『理科年表』をめくってみた。「理科年表」はその名のごとく「理科」にかかわるあらゆるデータをまとめた一種のデータブックで、各地の日の出入りの時刻から惑星の位置や見えかた、過去における火山噴火の記録から、果てにはいろいろな生物の寿命、DNAの分量まで、実にさまざまなデータが記載されている。『理科年表』の目次を指で追っていくうち、「各地の日の出入り方位と南中高度」という項目があるのを見つけた。こういう項目があるということは、日の出入り方位は場所によって違うということである。そのページをめくってみると、109頁に掲げるような表が出てきた。これによると日の出の方位は緯度によって違うことが一目瞭然で、夏至の日では緯度が高い地域ほど太陽は北のほうから昇ることになっている。

考えてみればそれは当たり前のことである。たとえば北極点では夏至の日、太陽は二三度半の高さで天を一周するわけで、日の出も日の入りもない。いわゆる白夜の現象である。北極圏の入り口である北緯六六度半の地点では、太陽は真夜中に真北で地平線に接し、その後また高度を回復するように天空を移動する。南中時の高度は計算上は四七度ほどにある。そして赤道に達すると、そこではじめて日の出の角度が真東から二三度半北に偏るのである。とすれば、等乃伎のような中緯度地帯では、日の出の方位角は二三度半よりは少し大きいはずである。

各地の日の出入りの方位

北緯	夏至	立夏 立秋	春分 秋分	立春 立冬	冬至
20°	＋25.4°	＋17.7°	＋0.3°	－17.1°	－24.7°
25	26.5	18.5	0.4	17.7	25.6
30	27.6	19.5	0.5	18.4	26.8
32	28.6	19.9	0.5	18.8	27.4
34	29.3	20.5	0.6	19.2	28.0
36	30.2	21.0	0.6	19.7	28.8
38	31.1	21.6	0.7	20.2	29.6
40	32.1	22.3	0.7	20.8	30.5
45	35.3	24.4	0.9	22.5	33.2
50	＋39.5	＋27.1	＋1.0	－24.8	－37.0

（『理科年表』丸善、2004より作成）

表を詳しく見てみると、北緯三四度の地点では、夏至の日の太陽は真東から北約二九度のところから昇ることがわかった。山のあるところではその高さに応じてこの値はわずかに小さくなる。太陽はその高度を増すにつれて南のほうに移動するからである。しかも高安山はなだらかな山でその頂がどこにあるのか特定しにくい。これらのことを考え合わせれば、高安山はほぼ、等乃伎から見て夏至のころの太陽が昇る位置にあるといってよい。

ちなみに冬至の日の太陽はどうだろうかと調べてみると、これまた意外なことが明らかとなった。北緯三四度の地点では日は真東から南に二八度のところから昇ってくる。そしてほぼ厳密にこの位置にあるのが、やはり大阪の霊峰といわれる金剛山《こんごうさん》(一一二五メートル)の山頂なのである。偶然かもしれないが、等乃伎の位置は、高安山、金剛山という大阪の霊峰の頂から、それぞれ夏至、冬至という暦学上大きな意味を持った日に朝日が昇るというきわめて特殊な場所であることになる。

等乃伎の位置に関しておもしろいことがもうひとつある。等乃伎神社の緯度は、大阪と奈良の県境にある二上山雌岳《にじょうさんめだけ》(標高四七四メートル、北緯三四度三一分〇九秒)ときわめて近い値を示す。つまり、等乃伎から見て、春分、秋分の日の太陽は、ほぼ二上山

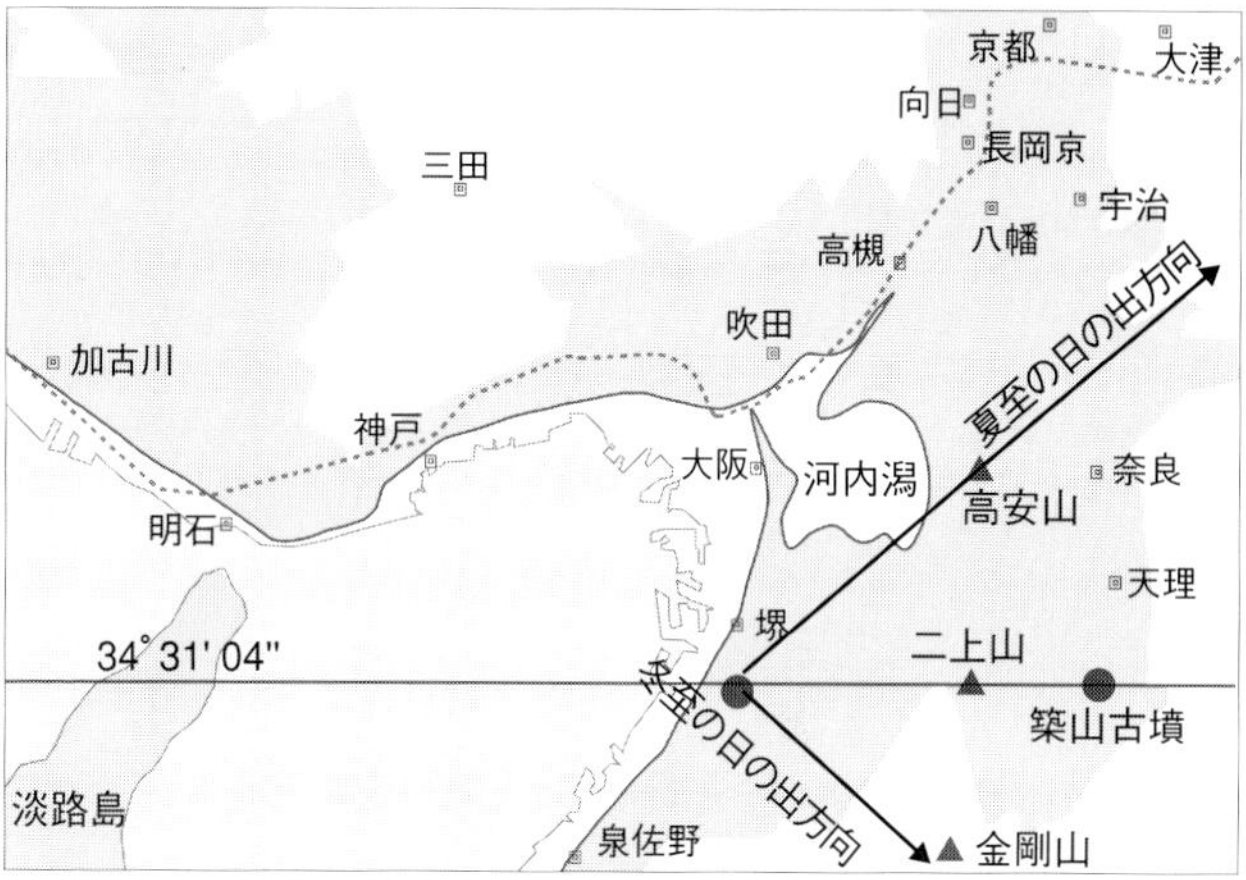

等乃伎神社の暦学上の位置

雌岳の頂から昇ってきたのである。つまり等乃伎の真東には、大阪の第三の霊峰二上山の雌岳があることになる。

このように考えてみれば、等乃伎というその場所が、それより北であっても南でもあっても、また東であっても西であってもならなかったことになる。等乃伎の位置は、暦学上特異な位置であったということができる。「兎寸」の高樹はまさにその特異点にある巨樹だったということになる。古の人びとがその巨樹に特別の思いを持ったのはごく自然なことであったであろう。

北緯三二度三一分の線

話はまだ続く。この緯線をさらに東に伸ばすと奈良県大和高田市の築山古墳（北緯三四度三一分一一秒）や伊勢神宮がほぼ真上にくる。築山古墳と伊勢神宮の間には、三輪神社、長谷寺、室生寺など、ほかにも幾多の宗教施設がおかれている。つまり、等乃伎と二上山雌岳を結ぶ真東西線は太古の墳墓や宗教施設が載る特異的緯線なのである。むろん長谷寺、室生寺などは等乃伎の高樹の時期よりはるか後の時代に建立されたものである。だが、これらも、何か意味があってこの線上に建立された可能性を否定できない。あるいはそれらは、以前からそこにあった古い施設の上におかれた可能性もある。いずれにしてもこの線が、太古から古代の日本列島で宗教上意味のある線であったことは確かと思われる。

等乃伎と二上山などを結ぶこの東西線に注目したのは私がはじめてではない。この線は、かつてＮＨＫが「知られざる古代」と題して取り上げた放送（昭和五五年二月一一日放映）でクローズアップした北緯三四度三二分と本質的に同じものである。三二分〇〇秒と三一分〇四秒のずれは一七〇〇メートルほど。「知られざる古代」がクローズアップした線の上に載っているのは、先ほども書いた、等乃伎神社から二キロほど北にある堺市大鳥神社であった。だが、夏至と冬至の日に陽が昇る高安山と金剛山の存在を考えると、「正中線」は大鳥神社を通る三二分線より、等乃伎を通る三一分〇四秒線のほうに信憑性があると私は思う。ともかく、暦学や天文学の知識を持っていた人びとが、暦学上の特異点としての目印にクスノキの巨樹を護り続け、そこを信仰の中心にしてきた可能性が高いのである。

この巨樹は大阪湾を隔てた淡路島からも見ることができた。まだ朝霧に沈む大阪平野の一角に、そのクスノキの巨樹は立っていたのだろう。それと二上山が重なって見えるところに歩を進めれば、そこは巨樹の真西にあたった。その地に立ったとき、朝日が二上山雌岳から昇る日が年に二回ある。その日を記録することは星占いたちには不可欠のことであった。大クスノキの位置にはこんな秘密が隠されていたのである。

仁徳稜と履中稜

この巨樹の位置に関係して不思議な問題がもうひとつある。等乃技神社の近くにある巨大古墳の向きに関する問題である。再度地図を広げてみよう。等乃伎神社があるのは高石市。高石市は小さい市で、西は海に面し北、東、南を堺市に囲まれている。堺市は古墳を多く持つ町で、等乃伎神社の近くにもいくつもの古墳がある。中でも北東五キロのところにある仁徳天皇稜（百舌《もず》鳥《の》耳原《みみはら》中《のなかの》稜《みささぎ》）、そしてその手前約一キロのところにある履中天皇陵（百舌鳥耳原南稜）が、最大規模を誇っている。

不思議なことに、古墳の向きはまちまちである。古墳に葬られた当時のやんごとなき人びとが大事にしていたものが、単に東西南北といった天文学上の、あるいは地理学上の基線や基点だけではなかったことが理解できる。この点は、古代エジプトのピラミッドや古代中国の皇帝の陵墓などが、その一辺を真に東西南北に沿うように造営されたのと対照的である。この意味でも、太古の日本の王権が中国やエジプトのそれとは違った自然観、宗教観を持っていたことが推量される。

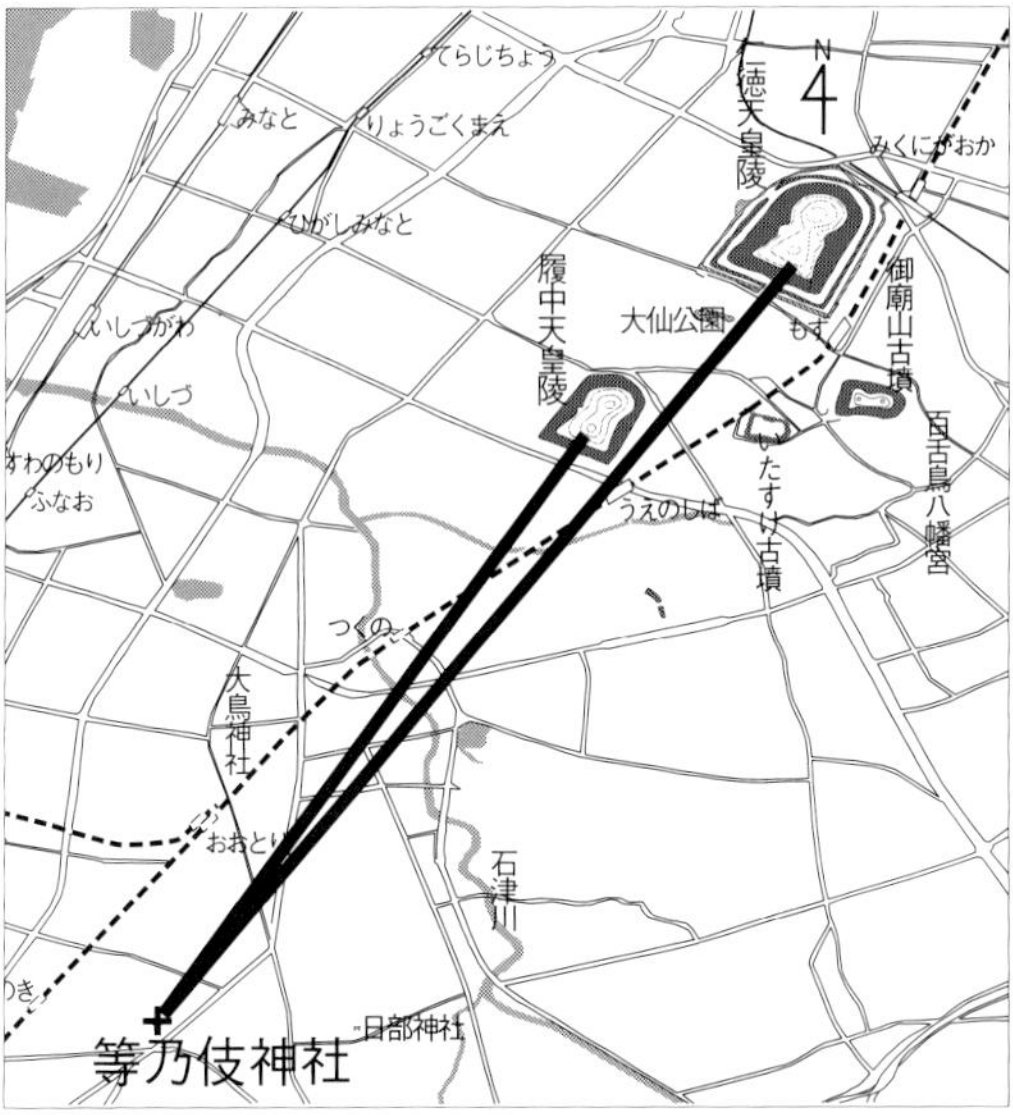

仁徳陵と履中陵の位置関係　二つの古墳の正中線を南西の方向に伸ばすと、等乃伎神社の100m横を通ることがわかる。

両古墳は真北でも真南でもなく、南西の方向を向いている。さらに向きが微妙に違っている。このことは以前から指摘があったことではあるが、その理由は必ずしも明確ではなかった。どうして二つの古墳は、その正中線をずらせて造営されたのか。

二つの古墳の正中線を引いてみた。古墳の形は築営後の時間が一五〇〇年にも及ぶことなどのために微妙に崩れているが、国土地理院の一万分の一地形図によってそれぞれの正中線を南西の方角に伸ばしてみた。すると二本の線はいずれも先述の三一分〇四秒線の上で等乃伎神社から一〇〇メートル未満のところを通ることがわかった。先にも書いたように、二つの陵墓の正中線を正しく求めるのは困難で、したがって正中線にも多少のずれが生じている可能性はある。とすれば両古墳がその正中線を等乃伎に向けるように配したと考えることはできないか。またやや南にある履中天皇陵が仁徳稜と等乃伎を結ぶ線より若干西にずれているが、これは、仁徳稜から等乃伎を眺めたときに、履中稜が巨樹の眺望を妨げないようにする配慮からだったのかもしれない。

もっともこれらの墳墓が誰を埋葬したものかはまったく不明である。これら二基の古墳のうちどちらかが仁徳天皇のものであるという保障もない。そればかりか『古事記』に出てくる説話がほんとうに仁徳天皇にまつわるものかどうかもわからない。注目すべきは、それが仁徳天皇自身であったかどうかではなく、築営された二基の古墳がその巨樹の方向を向いていた可能性があるということである。つまり、二基の巨大古墳の被葬者たちが、等乃伎にあった巨樹を敬っていたかもしれないということを私はいいたいのである。

当時このあたりを支配していた王権が、一方では東西のラインや日の出の方位には強い関心を示しながら、他方ではその王墓の基線の方角に関しては東西にこだわらなかったとすれば、それはなぜか。王墓の基線を厳密に東西（あるいは南北）にあわせるやり方は古代エジプトのピラミッドや漢代中国の王墓などに顕著である。一方、大阪平野南部に点在する多数の古墳については基線の方角はまちまちでそこに一定の法則性を見いだすことができない。

この点についてはうまい説明が見つからないが、当時の王権が樹霊信仰のような性格と天文学的現象にこだわりを抱く性格との二つの性格を併せもっていたのかもしれない。あるいは信仰の対象を異にする集団の間での王権の移譲、または奪取があったのかもしれない。

もうひとつの説話　―明石の厩のクスノキ

巨樹を伐って船にしたという説話は『播磨国風土記逸文』にもある。ここには『古事

記』の高樹の説話ときわめて類似の説話があるが、それはクスノキであったと、樹種が特定されている。すなわち、

明石の駅家《うまや》。駒手《こまで》の御井《みい》は、難波《なにわ》の高津《たかつ》の宮《みや》の天皇《すめらみこと》の御世《みよ》、楠《くすのき》、井《い》の上《うえ》に生《お》いたりき。朝日には淡路嶋《あわじしま》を蔭《かく》し、夕日には大倭嶋根《やまとしまね》をかくしき。仍《すなわ》ち、其の楠《くすのき》を伐りて舟に造るに、其の迅《はや》きこと飛ぶが如く、一檝《ひとかじ》に七波《ななみ》を去《ゆ》き越えき。仍《よ》りて速鳥《はやとり》と号《なづ》く。

（日本古典文学大系2『風土記』岩波書店より）

この巨樹も最後には伐られ船になったが、速度が速いので「速鳥」と命名されたという。この巨樹があったのは今の明石市付近であった。しかし現在の明石市周辺の地図には駒井という地名は見えず、「明石の駅家」の位置は定かではない。この巨樹が明石市近辺にあったとすると、その記述とは明らかな矛盾を生じる。逸文によると「駒井の御井」にあった大クスノキの影は淡路島に達したとあるが、現在の明石市の東端からみても淡路島は真南に位置し、明石にあった巨樹の影が淡路島に達することはない。「等乃伎の位

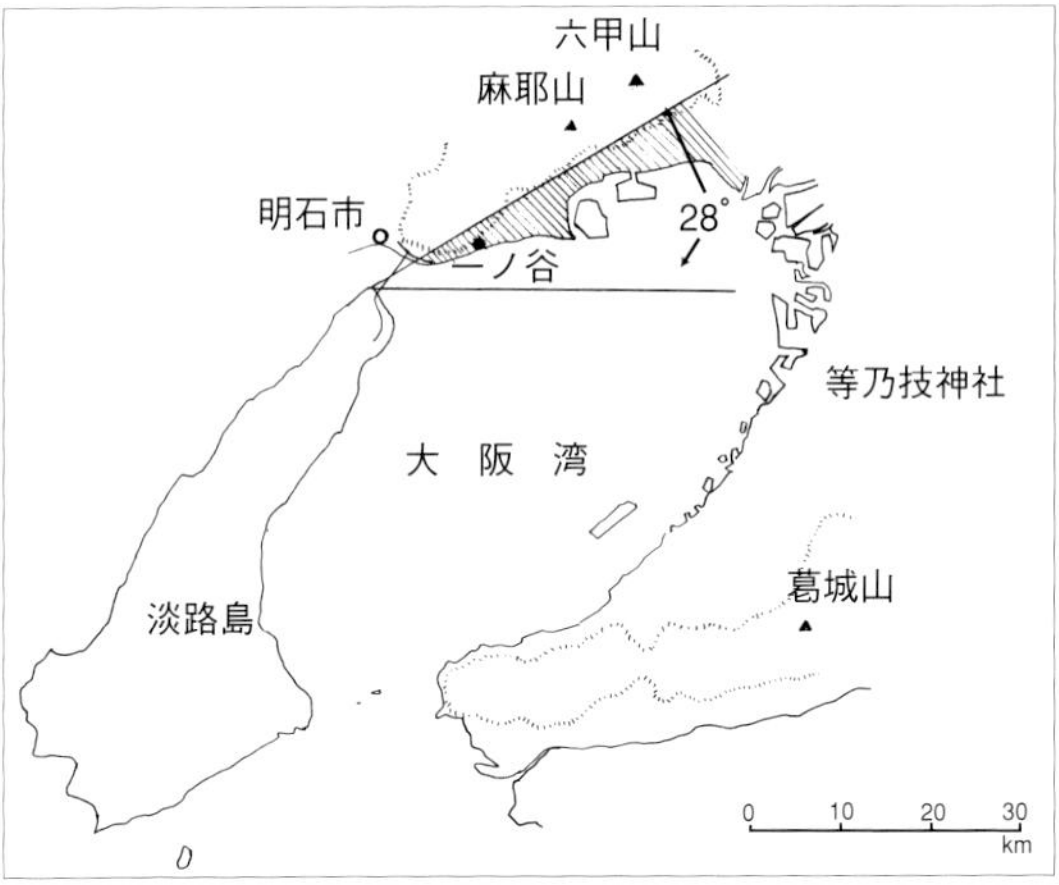

明石の厩の位置

置」にも書いたように、本州中部（北緯三四度）の地点での日の出の方位角は二八度ほどであるので、逸文の記述に誤りがなければこのクスノキがあったのは119頁の図に示した斜線部のどこかでなければならない。

古代には、神戸市須磨区一帯は播磨国に属していた。その政治的な基盤を徐々に広げつつあった朝廷が軍事拠点である駅をおくとすれば、それは当然難所の手前が自然である。現在の明石から東は六甲山塊が海に向かって落ちる交通の難所であった。源平の合戦の戦場となった「一ノ谷」もここにある。「一ノ谷」の意味は、「播磨で東から数えて一番目の谷」ということともいわれる。こうしたことを考えると、明石の駅家は、現在の神戸市須磨区から垂水区あたりにあった可能性が高いといえよう。

『播磨国風土記』に登場する説話は『古事記』に登場する「兎寸《とのき》の高樹」の説話と何から何までそっくりである。これらはもともとはひとつの説話を引用したものなのかもしれない。

大阪平野のクスノキ

等乃伎のあった大阪は、クスの名を付した地名が多いところでもある。言語学に造詣の深い大山元さんによると、クスの字をもつ地名（漢字の楠をあてた地名）の多さからいうと、大阪府は鹿児島県、和歌山県についで全国三位の多さであるという。大阪府は、人口密度は高いものの、その面積は全国四七都道府県中最小である。やはり大阪とクスノキの間にはなにか浅からぬ因縁があるのだろう。おもしろいことに、クスの地名を地図の上に落としてみるとそのほとんどが北河内地域、つまり淀川南岸の地域に集中していることがわかる。枚方市の北部には樟葉（「くずは」と読む。楠葉の字をあてることもある）という地名があるし、また寝屋川市には楠根《くすね》という地名が残っている。楠町も、富田林市や堺市に見られる。この地域はよほど、クスに深いかかわりがあったに違いないと思われる。ただし地名だけをよすがにむかしをたどるのは危険である。北摂の楠にかかわる地名が仁徳天皇のころからあったかどうかはわからない。

大阪とクスノキの強いかかわりを示すデータがもうひとつある。現在生存中のクス巨樹の多さである。環境庁（当時）が一九九一年に取りまとめたデータ集『日本の巨樹・巨木林』によると、府下にクスノキ巨樹は二〇六本ある。

このうち幹周り五メートル以上の巨樹の分布を地図上に落としてみると、巨樹の分布は、地名の分布域よりはずっと広く、山地を除いた府下全域に及ぶ。とくに、人口密度が稠密なことで知られる大阪市内にも分布するのは驚きであった。しかし、よくみると、巨樹の分布は決して一様ではなく、濃淡がありそうである。分布がもっとも高いのは、門真《かどま》市から寝屋川市にかけての一帯と東大阪市南部から八尾、堺市にかけての一帯の二カ所である。この傾向は、幹周りが五メートル以上の超巨樹になるといっそう顕著である。大むかしには、これら二カ所付近はクスの巨樹が群れをなすうっそうたる森に覆われていたのだろうか。

大阪平野は、現在ではほぼその全面が開発を受け、原野はおろか農地さえもなくなりつつある。だが太古の時代にはその中心部は袋型をした内海になっていた。現在大阪平野のほぼ真ん中を東から西に流れる大和川の流路は江戸時代の土木工事によるもので、この流路ができるまで、大和川は大阪平野を北西に流れ、今の大阪市北部あたりで大阪

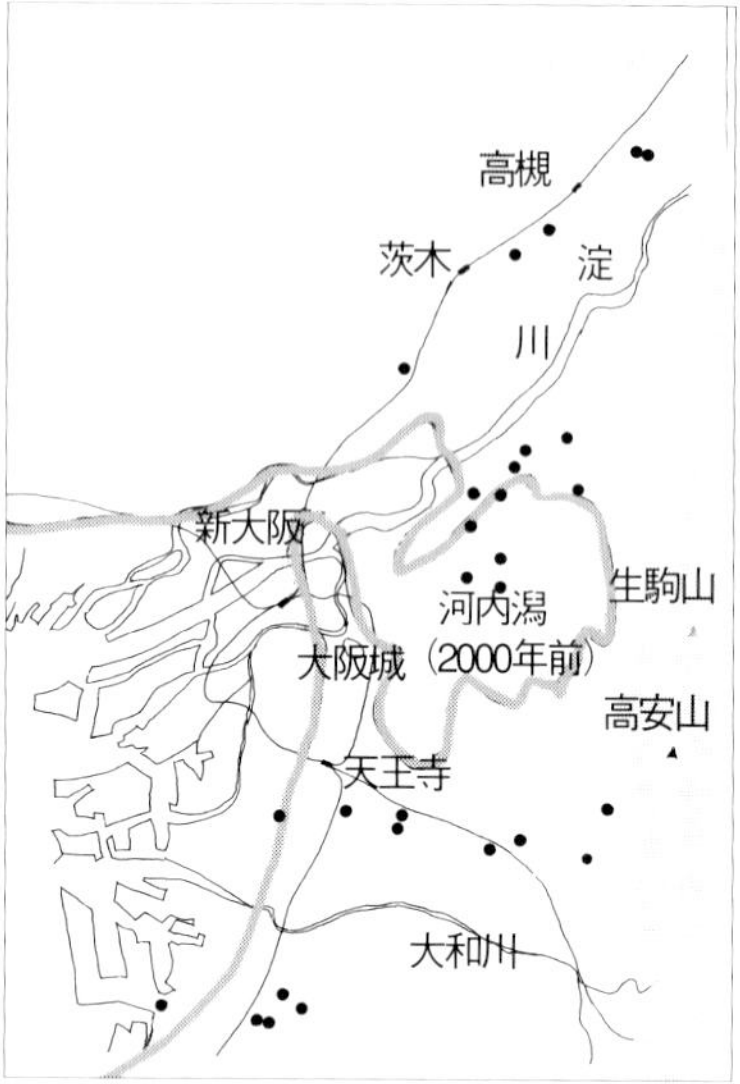

大阪平野のクスノキ巨樹（丸印）
アミ線は約1800年前の汀線を示す。
近世中ろまで、現在の大阪平野の中心部は、海かまたは極端な低湿地だった。クスノキ巨樹の分布の中心はこの湿地帯の入り口にあたる。

湾に流れ込んでいたものである。この内海は時代とともに浅くなり、汀線も今の大阪湾あたりまで後退した。だがそこは中世末くらいまではあたりは大湿地帯であり、大雨のたびに水はあふれすべてを飲み込んでいた。そのためであろう、大阪市の東側から東大阪市の西半分には、クスノキの巨樹が一本もない空白地帯が広がっている。近世中ごろまで、大阪平野の中心部は、海かまたは極端な低湿地だったことになる。上に書いたクス巨樹の分布の中心は、この袋型をした内海または大湿地帯の入り口にあたる。

巨樹たちの中には幹周り一〇メートルに達するものも三本ある。幹周りが一〇メートルにも達する巨樹は、育った環境やその木の遺伝的な個性にもよるが、樹齢が数百年に達するものもめずらしくないと思われる。そうだとすれば、それら超巨樹たちは遅くとも古代末ころにはこの世に生を受けていたことになる。かれらは関が原のころには、すでに巨樹としての不動の地位を獲得し、以後も静かに世の動乱を眺め続けてきたに違いない。

第５章　クスノキの受難

クスノキは伐られて船になった

クスノキは記紀にもしばしば登場する。『日本書紀』によると、スサノオノミコトが自分の髪を抜いて木にし、それで船をつくるように命じたのがクスノキであったという。

また、先に紹介したように、クスノキの名前は『風土記』にも登場している。

『日本書紀』には、先に紹介した『古事記』の「免寸の高樹」とかかわりを持ちそうな記述が登場する。まず「応神紀」（『日本書紀』の応神天皇の巻）には以下のような記述が登場する。

応神天皇五年一〇月

伊豆の国にふれおおせて船をつくらしむ。長さ一〇丈。船すでに成りぬ。試みに海に浮く。すなわち軽くうかびて疾《と》く行くこと馳《はし》るが如し。故《かれ》、其の船を名づけて枯《から》野《の》という。(岩波文庫版『日本書紀』(二)、一九六頁)。

また三一年秋には、天皇自らのことばとして、

「官船《みやけのふね》の、枯野《からの》と名《なづ》くるは、伊豆の国より貢《たてまつ》れる船なり。是《これ》朽ちて用いるに堪えず。然《しか》れども久《ひさ》に官用《おおやけもの》と為《な》りて、功《いたわり》忘るべからず。何《いか》でか其の船の名《な》を絶《た》たずして、後葉《のちのよ》に伝《つた》ふることを得《え》む」(同二一四頁)

「枯野」はここでは、伊豆で造られた政府専用船となっている。時を経て老朽化した枯野に対し、天皇はその功績をたたえて名を後世に残すことを考える。家臣たちはそこで、

廃船となった「枯野」を薪にして塩を得、諸国に配ってそれをもとに船を造らせた。塩は、当時から、船造りには重要な物資だったようである。ところで「枯野」の一部は焼いたときに燃え尽きずに残ってしまう。不思議に思われた天皇が焼け残りで琴を作って奏でたところとてもよい音がしてそれは遠くにまで聞こえたという。

先の『古事記』「仁徳記」のくだりと『播磨国風土記逸文』、さらにこの「応神紀」に登場する三つの話には、まずクスノキと思われる巨樹があったがそれを船にし、船が朽ち果てた後にはそれを焼いて塩にした、という文脈が共通している。おそらくは何か下敷きになった共通の説話があったのだろうが、「官船」をクスノキで造るという歴史があったものと思われる。

有帆川のクスノキ

クスノキの巨樹にまつわる説話はまだある。山口県楠《くすのき》町船木《ふなき》には、そのむかし神功皇后が朝鮮派兵の際、船にするために伐られたクスノキの巨樹があったという説話が残されている。この説話によると、このクスノキは船木一帯に広がっていた低湿地の真ん中にあったのだという。その高さは雲を突き抜けるほどで、また枝張りは二里四方（約八キロ四方）に及んだという。そのあまりの大きさのために巨樹の北側の土地にはまったく陽がささず、昼も真っ暗であったという。船木の北にある「万倉《まくら》」の地名はその真っ暗が転じたものとのことであった。また船の帆を作ったところがあって、そこが今の有《あり》帆《ほ》の集落である、ともある。そして説話には、この大クスノキを伐ったときに、近くの二つの神社、神功皇后を祭る八幡宮と武内宿禰を祭る住吉社にその実生を植えた、ともある。

おもしろいと思って、私はさっそく地図で山口県の「船木」を調べてみた。すると船木という地名がちゃんとあって、しかもその北には万倉、南には有帆の地名までもが残っている。さらに、環境庁（当時）が調査した全国の巨樹・巨木林のリストをあたってみると、楠町船木の二つの神社、住吉神社と八幡神社にはそれぞれ幹周りが五メートルにも達しようかというクスノキの巨樹が一本ずつ残されているとのことであった。

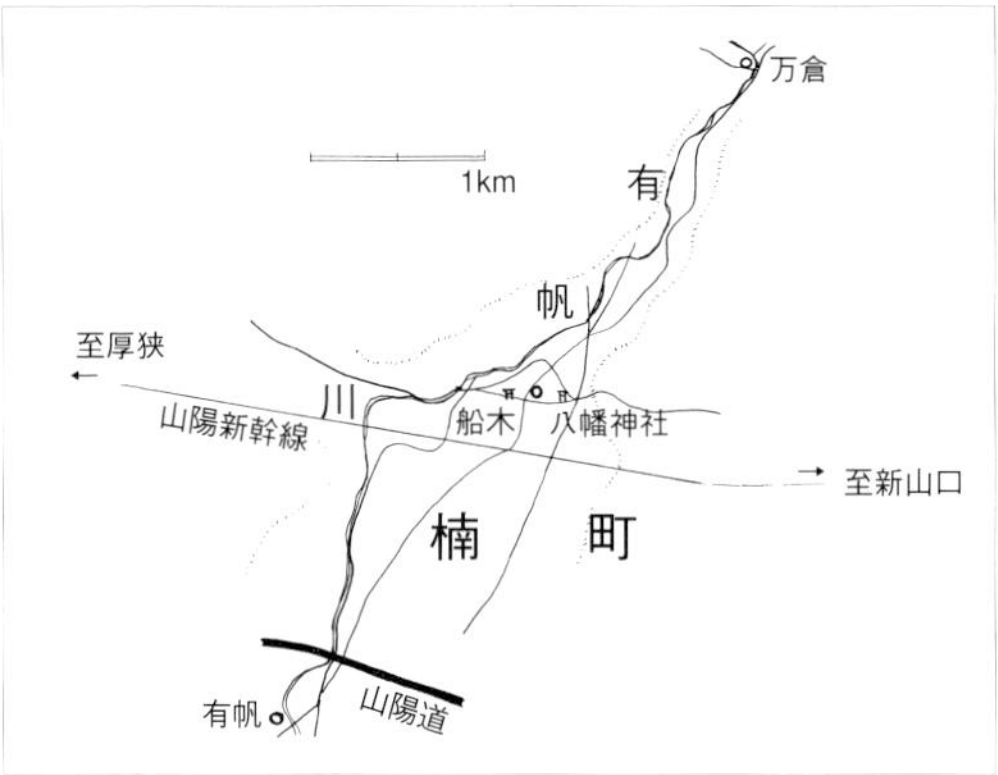

楠町の地図

それで私はいつかこの地を訪れてみたいと思っていたのだが、二〇〇二年春に念願かなって同地に赴くことができたのだった。

船木の西隣、山陽町の新幹線厚狭《あさ》駅でレンタカーを借りた私は、国道二号線を東に進んで船木を目ざした。新緑の鮮やかな五月初旬のこと、大型連休も終わって人出もなくなった日曜の朝であった。あいにくどんよりと曇った空からは大粒の雨が落ち始めていた。船木の集落の東端で八幡宮を見つけると車を止め、神社境内に聳え立つクスノキのほうへと歩いていった。

神社の裏口と思しきところに社務所があったので、わずかばかりの葉を貰い受けようと声をかけたところ、幸い宮司さんがご在所で採集のお許しを得ることができた。それとあわせて私はまたとない情報をこの宮司さんとの会話で手に入れることになる。そのことについてはすでに書いたが、八幡宮のクスは小高いところにあることもあって周囲からもよく見えた。特にこの時期のクスノキは新緑の色が鮮やかで、遠目にもそれとわかる。幹周りは正確には四・七メートル、巨樹としてそう大きいほうではないが、なんというか若々しさを感じさせる樹である（93頁参照）。神功皇后のころの実生というにはいかにも小さいが、現在の幹の下にもうひとつ古い時代の幹があって、その幹が雷か何かで落ちたあと、脇枝が育って主幹に取って替わって今の姿になったようであった。

ところで説話では、船木には巨樹の実生が二株あることになっている。そして実際、『日本の巨樹・巨木林』には、楠町には二本のクスノキ巨樹があることになっている。ところが今はそのうちの一本はすでに失われている。八幡宮の宮司さんによると、

「町の西のほうに住吉社があり、そこにも兄弟分のクスノキの巨樹があったのですが、平成四年に火事が起き、それがもとでクスノキも焼け落ちてしまいました。」

とのことであった。

巨樹といえどもその命は永遠ではない。いつかは雷に打たれ、あるいは大嵐にあって

倒壊する宿命を背負っている。山火事に伴って類焼した巨樹も多かったに相違ない。だが、数千年の時を経た巨樹を倒す最大の敵は人間であると私は思う。台風も雷も、むかしから巨樹たちを襲った災害である。だが彼らはそれらを凌いで今に生をつないでいる。巨樹たちの数百、数千年の歴史の中でいまだ経験したことのなかった凶暴な力――それは人の意図であった。

クスノキはいつの時代から伐られるようになったか

記紀やほかの説話ではクスノキはいつも伐られてしまって話が終わりになっている。伐られたクスノキは決まって船にされるが、できた船は決まって速く進むすぐれた船になる。しかし一方ではクスノキは、神秘の樹として人びとにあがめられていたはずである。巨樹をあがめ護るという行為と伐って船にするという行為とは、ある意味では正反対の行為である。クスノキを心のよりどころとしていた人びとが、進んでその巨樹を伐ったとは考えられない。この矛盾する二つの行為はどう説明できるのだろうか。

想像をたくましくして考えるなら、あるとき王権の交代があったのではなかったか。そして前後二つの王権は政治的に対立していたばかりか、異なる生態的な出自を持っていたのではなかったか。つまり、二つの王権は、一方はクスノキという樹木が生える風土に根ざしていたが、他方はクスノキという樹木をそもそも知らなかったのではないかと考えるのである。具体的にいうならば、応神、仁徳の王朝とそれ以前の王朝とは、クスノキの巨樹に対してまったく異なる価値観を抱いていたと考えてみたい。応神、仁徳の王朝は、その巨樹を船にするための資源としてしか見なかったのではなかったか。あるいはこの王朝は、それまでの王朝がシンボルとしてあがめてきたクスノキの巨樹を伐ることで、自分たちの力を誇示したのかもしれない。

巨樹の伐採をめぐって、土地の人びとと権力者たちの間でかけひきがおこなわれることもあったようである。静岡大学の小和田哲男さんは、巨樹を伐るよう命じられた樵《きこり》が、しばしば抵抗の手段として「占い」のような特殊な行為をおこなって、そこで神様の許しのないときには樹を伐ろうとはしなかったという。そしてその占いとは、たとえば斧をわざわざ不安定な角度で樹に立てかけておく、というようなものであったのだろう。斧が翌朝までそのままの状態にあったときにはその樹は伐ってよいが、もし斧が倒れていればその樹を伐ることを拒ばねばならなかった。山の神様はその樹を伐ることを許してはいないからである。なんのことはない、樵たちは伐りたくない樹に伐採命令が出た場合には斧をわざと倒れやすく置いておくことで最大限の抵抗をしたのである。

枯野の燃え残りを琴にしたのは、滅ぼされた王朝の人びとだったのかもしれない。焼け残りやその灰に在りし日の姿をしのぶ物語の展開は、「花咲爺さん」の物語のアナロジーといえなくもない。

第6章　伊豆のクスノキ巨樹たち

伊豆にあった「枯野」

伊豆、とくに伊豆半島の北部はクスノキの巨樹が多い地域である。地図の上でのその分布を見ていると、そしてまたDNAに書きこまれたもろもろの情報を読み取ってみると、そこに隠されたクスノキ巨樹たちの歴史が浮かび上がってくる。そしてその背後には何やら何千年もの間の人の意図が見え隠れしている。ここでは、北伊豆のクスノキの巨樹たち——ここでは「北伊豆のクスノキ巨樹群」と呼ぶことにする——の分布や歴史について見てゆくことにする。とくに、大仁町《おおひと》にある「クスノキ巨樹の直列」について、くわしく見てゆくことにしよう。

前章に紹介したように「枯野《からの》」は船の中でも特異的な存在であったが、その理由はつまびらかではない。またその名称について、いくつかの異なる説明が加えられているようでもある。ひとつは、「軽い」という語が訛って「から」となり、また「の」は、完了を表す「ぬ」のなまったもので、「からの」は速く走るという意味だというものである。もうひとつは「枯野」を地名とするもので、「狩野」が現在の地名にあたるという。これは先述の『古事記』「仁徳記」に対する次田真幸氏の解説と同じである。

さて西宮一民氏によると、「枯野」は伊豆半島の田方郡修善寺町（現在の伊豆市）にあった土地とされる。地図で確かめてみたところ、狩野という地名は、今では天城湯ヶ島町（同じく現在伊豆市）の最北部にある集落の名に残っていた。集落「狩野」は、田方平野の南の端から伊豆半島の中央を占める天城山塊を登りはじめたところにあたる。「狩野」は狩野川の左岸（下流に向かって）、国道136号線沿いにあった。そして「狩野」の集落の少し川下には、今も「軽野」という名を持つ神社（軽野神社）が残っている。また「枯野」という地名をもって船の名にあてたのは、ちょうど焼物である「瀬戸物」

枯野の位置

の名が、瀬戸の地名に由来するのと同じであるという（西宮、二〇〇二）。

枯野が船の産地であったのならば、そこがその原料となる巨樹の産地であったのであろう。実は、伊豆は、クスノキの巨樹の多い土地柄である。これだけの証拠で「枯野」はクスノキ船建造のセンターであったと断定するのはあまりに心もとないが、ここではこの仮説に基づいて話を進めてみたい。

伊豆半島のクスノキについて私は以前から気になっていることがひとつあった。クスの巨樹がやたらと多いことに加え、その分布に人の作為が感じられることである。上に伊豆半島一帯のクスノキ巨樹の地図を示しておく。巨樹たち

北伊豆のクスノキ巨樹群の地図（幹周500センチ以上の巨樹を示す。）

は、熱海から伊東あたりの伊豆半島東海岸一帯と、三島から沼津にかけて、さらに狩野川が作る田方平野一帯に集中的に分布している。

先ほど大阪平野の真ん中が海であったと書いたが、縄文海進のころには田方平野もまた海に没していた。北西に口を開いた袋状の内海が過去にあったという点で、大阪平野と田方平野とはよく似ている。そしてクスノキの巨樹たちはこの内海の海岸線にほど近い湿地帯に固まって生えていたのである。

「枯野」の位置は、この田方の湾の最奥部にあたる。それが現在のどこであるのか、今となっては知る由もないが、私にはどうも後に述べる巨樹直列と無関係ではないように思われる。

伊豆半島のクスノキ巨樹群

さてここで改めて、伊豆にあるクスノキの巨樹について見てみたい。138頁の図は、幹周りが五メートルを超えるクスノキ巨樹の分布を示すが、意外にも温暖で知られる南伊豆より熱海から沼津にかけてのいわゆる北伊豆一帯に多いことがわかる。また、以前指摘したように、多くの巨樹が沿岸地域（海岸から一〇キロ以内の地域）を中心に分布している。

半島随一の大きさを誇るのが、第2章にも紹介した熱海市来宮神社にある巨樹で、幹周りは二三メートル余り。この数字は全国でも二番目にランクされる大きさである。次いで函南《かんなみ》町天地神社のそれが一三メートル余り。一三メートルというと、二三メートルに比べていかにも見劣りがしそうな気がするが、直径に直せば四メートル余り。その輪切りが四畳半の畳部屋がすっぽり収まってしまう広さであることを考えればその大きさが知れようというものである。しかもこの巨樹は高さもあり、樹高五〇メートルを超えるという。この巨樹のわずか一キロほど北にも、もう一本、際立った巨樹がある。春日神社の境内にあるこの巨樹は、まだ樹勢も盛んでどっしりとして見える。巨樹の中には、幹の一部が欠損し、見ていて痛々しくなるようなものもめずらしくないが、この木にはそれがない。まだまだ健在であろうという安心感の伝わってくる巨樹である。ただ、春日神社のクスノキの根株をよく見ると、この樹が過去にはもっと大きな樹であったことがわかる。どうやら今残されているのは、巨大な樹体の北西の半分だけで、東南の半分は何かの理由で失われたかのようである。東南半分が残されていれば、この巨樹は今よりさらに大きな樹であったに相違ない。

函南町を含む北伊豆には、ほかにも幹周りが一〇メートルに達する超大型のクスノキが四本もある。この数は尋常なものではない。

東伊豆の河津《かわづ》町にも、通称「来宮神社」と呼ばれる神社（杉桙別命神社）があり、ここにも二本の巨樹がある。これらもまた、いずれ劣らぬ威容を誇っている。

春日神社のクスノキ巨樹
函南町にあるこの木は、幹周り9.1メートルもあり、
北伊豆第5位にランクされる。
樹勢も盛んで、東南の半分が失われていなかったならば、
さぞかしもっと大きな樹であったにちがいない。

大仁町のクス巨樹列

この伊豆半島の巨樹群の中でも注目されるのが、大仁町《おおひと》田京《たきょう》から大仁町三福《みふく》にかけて分布する巨樹列である。143頁の図をご覧いただきたい。地図がさし示す地域は、伊豆半島の北部、東海道新幹線の三島駅の南方にあたる。あたりは、半島を南から北に流れる狩野川が作る狭い平野（田方平野）に覆われた地域で、東側には箱根山が南に伸びてつくる脊梁が屏風のように伸びている。また西側は大平山（標高三三五メートル）などの山塊が駿河湾と田方平野を分けている。狩野川は、伊豆半島中央の天城山に源を発し、田方平野を北向きに流れ、平野のほぼ北の端で向きを大きく西に変えて駿河湾に注いでいる。太平洋側に注ぐ主要な川の中で、狩野川だけが北を向いて流れ出しているのだという。

巨樹列は九本のクス巨樹からできていて、長さは約一九〇〇メートル、南南東から北

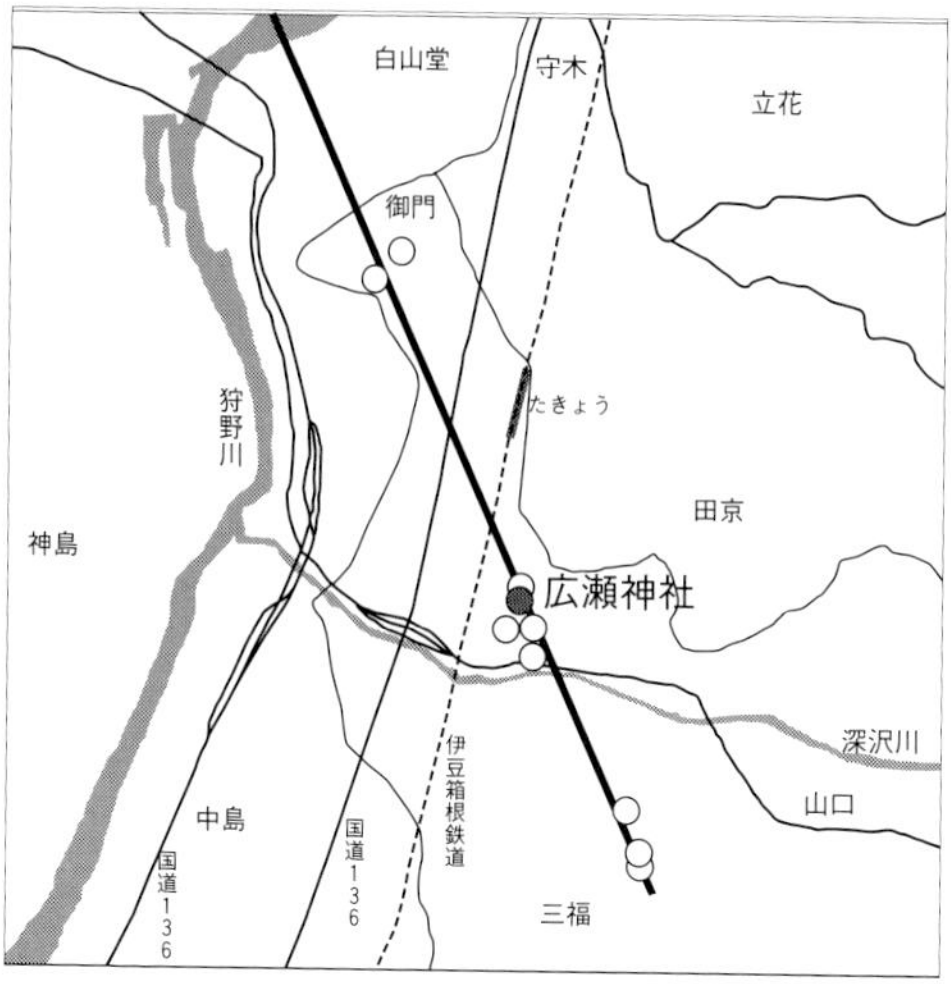

大仁町のクスノキ巨樹の直列

北西の方向に伸びている。いちばん南端のクスは、熊野神社にある株で幹周りは九四五センチル、いちばん北のクスは田京から伊豆長岡に向かう道路沿いにあるもので幹周りは三五八センチある。九本の巨樹たちは厳密には一直線上には並ばない。巨樹列のほぼ中央にある広瀬神社には巨樹が四本あり、これらのうちの二本は直列上には並ばない。それでも九本の木が自然にこういう線の上に並ぶということはないであろう。

この巨樹列の方向をめぐって、もうひとつここに書き加えておきたいことがある。それはこの線を北西の方向に延長すると大平山山頂を経由して富士山頂に達することである。

御門のクスノキ

広瀬神社のクスノキ

広瀬神社のクスノキ

静岡県大仁町の巨樹列をなすクスノキたち

熊野神社のクスノキ

熊野神社のクスノキ

熊野神社のクスノキ

つまりクスの巨樹たちは、富士山の方向を向いて一直線に並んでいるのである。

田方平野には古くから条里の跡があるといわれ、道路は北西から南東に向かっていた。巨樹列の向きは、この条里の向きともおおむね一致する。この条里の方向について、従来はその軸が伊豆国分寺の方角を向いているとされてきたが、それにはもうひとつ説得性がないように思われる。というのは、伊豆国分寺は田方平野の北の端である三島市にあり、条里の方向を国分寺に向けたという場合、平野のどこから国分寺を見たかによってその方角が大きく変わるからである。また、三島国分寺を基点とするにしても、国分寺がなぜその地におかれたのかも考えてみる必要がある。

クスノキの直列ができたのは国分寺が定められた時期よりずっと古いはずである。だから、クスノキ直列の方向は――それが人為的なものであると仮定するなら――国分寺とは異なる別なモチーフによって決められたことになる。そのモチーフが富士山であったというのが私の考えであるが、巨樹列は一種のランドマークであったということができる。では富士山を背にして巨樹列に面したとき、その先端にあったものは何か。私はそこに興味をそそられる。

広瀬神社の巨樹

巨樹列の中心と思われるところは、今は広瀬神社という神社になっている。神社は、旧の天城街道沿いにあって、境内には何本かのクスノキ巨樹もあり、いつも清閑な雰囲気に包まれている。ここには、今、樹齢が二六〇〇年と伝えられる老樹が一本ある。ただし、それは残された主幹のほんの一部がか細い枝をつけただけのもので、巨樹の面影をとどめるものは、かつて主幹の外側に並べたと思われる直径数メートルの円形に積まれた石垣のみである。いったいこの巨樹はどんな巨樹であったのか。私は広瀬神社に宮司さんを尋ね、くわしく聞いてみることにした。

神社は無人と思っていたのだが、社殿には宮司さんが勤めておられた。何の約束もなく立ち寄った私たちを、宮司さんは暖かく迎えてくださった。私が、伊豆一帯のクスノキを調べていること、中でも広瀬神社の巨樹を含めた巨樹列がありそうなこと、などをお話してご意見を伺ってみた。

伊豆は私の好きな場所のひとつで、若いころから幾度も足を運んだところである。広瀬神社は伊豆の入り口にあたる大仁町田京にあり、神社の前の旧街道は通いなれた通学路のような親しみがあった。神社にクスノキの巨樹が何本もあること、また中央に「樹齢二五〇〇年」と銘打たれたクスノキの老樹があることも知っていた。だが老樹とはいっても巨樹ではない。柵で囲まれた巨樹あとには、枝に相当するらしい二本のクスノキがかろうじて立っているばかりで、巨樹独特の、あたりを威圧するばかりの雰囲気はもはやない。樹齢二五〇〇年という説明にも根拠が見当たらない。私はずっと、この老樹の「立場」を測りかねていた。

宮司さんはいったん奥に引っ込むと、明治二五年に描かれたという広瀬神社の絵図のコピーを持ってきてくださった。絵図の中央にはクスノキの巨樹が明確に描かれている。周囲のほかの木々が無人称的に描きこまれているのとは違い、それは神社の中央に明らかにそれとして鎮座している。その高さといい太さといい、それは由緒ある神社のご神木としての十分な風格を備えている。しかもそこにはちゃんとクスの巨樹と書かれてい

上＝明治時代にかかれたという広瀬神社の絵図（広瀬神社提供）。
下＝広瀬神社にある老巨樹。

る。広瀬神社の老樹はつい一〇〇年ほど前までは聳え立つ正真正銘の巨樹だったのである。

私はもうひとつ、これも懸案であった広瀬神社と三島市にある三島神社との関係を伺ってみた。宮司さんの話では、二つの神社と、伊豆半島南端近くの下田市白浜神社はいわば兄弟関係にある神社で、神職どうしの交流もあるという。広瀬神社の縁起にも二つの神社のかかわりが記載されている。三島神社は東国では由緒ある神社のひとつと聞こえた神社で、歌川広重の「東海道五十三次」の三島の宿にも登場している。だがその兄貴分にあたる神社が広瀬神社だと知る人は少ない。

ちなみに三島神社といえば、愛媛県大三島町の大山祇《おおやまずみ》神社と関係を持つといわれる神社である。そればかりか大山祇神社は西日本でも有数のクスノキの巨樹林があるところとしてつとに有名である。かつて私もここを訪れたことがあったが、神社正面には幹周り一〇メートルを超える超巨樹が、そしてその脇には樹齢三〇〇〇年と伝えられる、今にもその命の灯が消え去りそうなまでに衰弱した老樹が残されていたのを思い出す。

広瀬神社の老樹と大山祇神社の老樹。二つの老樹の間に、遺伝的なかかわりはないのだろうか。

地形と地名のホモロジー

紀伊半島と伊豆半島の間には、いくつもの類似点《ホモロジー》があることが前々からいわれてきた。むろんそれらの主張は多くの場合、正統をなのる学者の薄ら笑みをもって葬り去られてきたが、それでもついえ去ることはなかった。

そのホモロジーには、たとえば白浜、田子といった地名が存在すること、温暖な気候で両地域に分布の限られた植物があることなどがあげられるが、ここにもうひとつ、クスノキの分布に関するホモロジーを付け加えておきたい。それは半島北西部にあった湾の汀線にそってクスノキの大群落があったらしいということである。伊豆半島の北西に広がる田方平野は、大阪平野がそうであったのと同じで縄文海進のころには袋のような形をした海であった。そして古代の大阪と同じく、この海の汀線にそってクスノキの巨樹は分布している。

はるか縄文のころ、大海原を舞台に活躍していた人々にとって、この二つの土地はどこか共通項の多い土地であった。懐の深い湾のいちばん奥にはさらに狭くなった湾口が開き、遠浅で穏やかな入り江が広がっている。湾のいちばん奥は汽水域になっていて、豊かな水産資源に恵まれていたことであろう。また、こうした経緯を考えると、伊豆のクスは人によって運ばれこの地で大きくなったものとも考えることができる。巨樹が巨樹になるには千年の単位の時間を必要とする。応神、仁徳の王朝のころ、伊豆がクスノキの大産地であったのなら、その一千年以上も前から、人びとはクスを携えて伊豆の地を訪れたのであろう。彼らはどんな人たちであったか。その謎はまだ解かれていない。

第7章

クスノキの伝わり

DNAを見るということ

クスノキをDNAレベルで調べた研究者はあまりいない。ほとんどいないといってもいいのではないかと思う。ところでDNAを調べることで何がわかるのだろうか。

今はDNAの時代だからそれを調べれば生命現象のすべてがわかるかのようにいう人がいるが、私はそうは思わない。特に巨樹を見ていると、生命としてのクスノキについてDNAが語れる部分はむしろ限定的であるとさえ思う。たとえば今ここに樹齢が二〇〇〇年にも及ぶクスノキの超巨樹があったとしよう。そしてその隣に、その枝を挿した苗木があったとする。この巨樹と苗木とは、DNA情報という観点で見ればまったく同一であって微塵ほどの違いもない。二本の木は大きさこそ違えクローンなのである。だが両者は、大地から吸い上げる水の量から見ても大気中に発散する二酸化炭素の量からいっても、樹幹に棲まう動物の種類や数からいっても、要するに周囲の生態系に与える影響どれひとつをとっても雲泥の差がある。

それにもかかわらずDNAは、こういう研究に対してほかにはない優位性を持っている。というのもそれは周囲の環境や隣にどんな個体がいるかといった偶然の要素には一切左右されないからである。だからDNAをあたかもそれぞれの個体に書き込まれたマークのように扱う限り、これほど便利なものはない。要するにそれははさみのようなもので、使いかたひとつで毒にも薬にもなり得る。

巨樹のDNAを見ることにはまた、巨樹ならではの独特のおもしろさがある。というのは、巨樹のDNAは何百年、何千年前のDNAのコピーだからである。巨樹は、数百年から一〇〇〇年を超える時間を生きてきた生物であると書いた。ということはそのDNAもまたそれだけの時を経たDNAだということになる。つまり巨樹のDNAを見ることは、数百年以上も前の世界を見ているのと同じなのである。

ここでは私の研究室にいた竹内淑子さんの修士論文を参考に、日本列島のクスノキ巨樹のＤＮＡの変異について見てみることにしよう。

ＤＮＡに関する分析技術はまさに日進月歩である。ついこの間最新の技術として紹介されたものが、一年経つか経たないかのうちにもう陳腐化してしまう。技術の分野で一流を保つことは、研究費を維持することもさりながら、それだけの緊張感と気力を保ち続けることができるかどうかにかかっている。

ＤＮＡは、言うまでもないことかもしれないが、あらゆる生命の形や働きなどの大枠を決める生命の設計図のようなものである。と同時にそれは遺伝子としても機能して、その設計図を親から子に伝えている。それをどう取り出すか、どう分析するかは、先述のように高度のテクニックに類することなので本書の意図にそぐわないが、ここではＤＮＡのどの部分をどのように見たかについて簡単に説明しておきたい。

クスノキのＤＮＡを詳しく調べた研究者はほとんどいない。ということはそのＤＮＡを調べるのは未知の土地を地図もなしに歩き回るようなものですぐに迷子になってしまう。ここはまず地図つくりからはじめる必要がある。とはいっても限られた時間の中でのことなので、地図つくりだけにエネルギーを注ぐわけにもいかない。ということで、いくつかの目印をＤＮＡの上に立てる作業からはじめることにした。

それはランダムプライマーと呼ばれる、アデニン（Ａ）、チミン（Ｔ）、シトシン（Ｃ）、グアニン（Ｇ）の四種の塩基の配列（一次元的な並び）を無作為に決めた、全長が塩基の数にして一〇とか二〇程度の短いＤＮＡのかけらである。なお、ＤＮＡは二本鎖の構造をとるが、プライマーは一本の鎖からなるＤＮＡである。これを、クスノキから取り出したＤＮＡに処理し、ＰＣＲ法という方法で増幅操作にかけると、ＤＮＡのある部分だけが増幅されてくる。それを電気泳動という方法で寒天などの板の上に伸ばすと、増幅されたＤＮＡの大きさによって決まった位置にバンド模様があらわれる。バンド模様は使うプライマーによってさまざまに異なる。もし、まったく同じＤＮＡの配列を持つクスノキからＤＮＡを取って同じプライマーを使ってこうした処理をおこなうと、寒天板の上にはまったく同じ模様のバンドがあらわれる。結果は、いつだれがどこで何回やっても変わることはない。

このように書けばＤＮＡ分析は簡単なものに見えるかもしれない。確かにそれは、誰がやっても同じ結果が得られるという意味では簡単ではある。しかし実際にはいろいろな問題が起きてきて道筋は決して平坦な一本道というわけにはいかない。理屈の上では同じＤＮＡながら、実際に作業してみると取りやすい植物と取りにくい植物とがある。さらにランダムプライマーにはやや気まぐれなところがあって、うまくいく時といかない時とがある。しかしクスノキのように「地図のない」状態の植物のＤＮＡ分析をおこなうには、これがいちばん簡単で安全な方法のひとつである。

調べたマーカは五つ

竹内さんが苦心の末使えると判断したマーカは五つ、決して多いといえる数字ではないが、それまでクスノキのＤＮＡを調べた研究者がいなかったことを思えばこれは大進歩である。なおＤＮＡマーカの「マーカ」とは目印という意味で、具体的には、先にも書いたように、寒天などの板の上にあらわれた白い模様の位置情報で表される。

ランダムプライマーのマーカでは、それぞれの個体は、ゲル板状の縞模様があるかないかの二つに区分けされる。だからマーカの数が五つの今回の場合、全部で二の五乗、三二種類に分類できることになる。調べた巨樹の本数は四二本、クスノキが分布する地域全体がカバーできるようにサンプルを集めることにした。

サンプルを集めると一口にはいうものの、作業はなかなかたいへんであった。とにかくクスノキは西日本全体に分布するので、サンプルを満遍なく集めるとなると西日本全体を旅しなければならない。ただ幸いなことにクスノキは里近くにあることが多いので、交通不便な山の中を歩き回るという面倒はない。これだけが幸いであった。ともかく、私も、竹内さんも、クスノキのサンプルを集めるのに必死であった。幸い私はいろいろな用件で各地を歩くことが多いので、そうした機会を見てはあらかじめ調べておいた巨樹を訪ねるようにした。また、当時の私の研究室にはクスノキ以外にもカシなどを調べる学生たちがいたので、機会を見てサンプルの収集の小旅行をすることもあった。

クスノキの巨樹は信仰の対象となっていたりして、したがって神社や寺に植えられているものが多い。また国や都道府県の天然記念物になっているものもあって、いくら研究目的とはいえ黙って取ってくるというわけにもいかない。役所から許可を得たり、所有者や管理者に断って葉っぱを採集する作業も楽ではなかった。だが、幸い、「葉っぱを少し分けてください」との願いはどこでもこころよく聞き入れていただいた。またその折に聞いたことがらはあとでいろいろと参考になることが多かった。

ＤＮＡ分析の結果

前項にも書いたように、使ったマーカの数は五個なので、この組み合わせでは全部で三二個のタイプが識別できることになる。ところが調べた四二本のクスノキはこのうちのわずか一六種類のタイプに分かれたにすぎなかった。その代わり、同じタイプに属する個体が複数見られた。

タイプが同じではあっても、これらの個体がまったく同じ遺伝子を持ついわゆるクローンであると断ずることはできない。しかしさまざまな状況を考えに入れれば、これらの個体がクローンであった可能性、つまり株で増やされた可能性は否定できない。

それはさておき、DNAの分析の結果を見てみることにしよう。まず際立っていたのは、列島を東にゆくにつれ、タイプの数が減少していることである。このことは、クスノキが日本列島を西から東に進む過程で種類の数が少しずつ減ったことを示しているように思われる。これと同じことが、第1章に書いた、葉っぱの大小の変異についても起きていた。東日本では小さい葉っぱを持つ個体は見られないが、西日本には葉っぱの小さい個体も大きい個体も両方が分布する。

こうした一様化の傾向は、栽培化の過程などで起きることが知られている現象で、縄文時代のクリの集団にも認められたものである。

一様化の極限の姿は北伊豆の巨樹群に見られた。伊豆半島、とくにその北部地域はクスノキの巨樹が固まって分布していて、これを「北伊豆の巨樹群」と呼んでいることはすでに書いたとおりである。そしておもしろいことに、これら伊豆の巨樹たちは、DNAのパターンから見て似かよったものになっている。DNAを調べたのは巨樹群に含まれる五株の巨樹だけであるが、このうち、春日神社の巨樹（141頁の写真参照）を除くと、来宮神社の株を含めたほかの四株はまったく同じ遺伝子型になった。巨樹群のほかの株のDNA分析はまだ済んでいないが、ひとつの地域内のクスノキの巨樹たちが同じパターンを持つとするなら、その結果はいろいろな意味で示唆的である。

DNAのパターンがまったく同じならば、伊豆のクスノキたちはクローンで増えたのかもしれない。ということはこれら巨樹たちがもとの一株からの株分けによって増やされた可能性があるということである。ただしDNAのパターンが同じといっても五つだけのマーカを調べた限りのことであってほかのマーカでは違いが生じるかもしれない。というわけで、伊豆の巨樹たちがクローンであるか否かの判断はここでは保留するが、いずれなんらかの形で結論を得たいと思っている。

また、仮にクローンではなかったにしても、巨樹たちのDNAが互いにごく似かよっていることは事実である。自然に考えれば、彼らは相互に、ごく近い親戚どうしなのだと思われる。やはり伊豆のクスノキ巨樹群の形成にはヒトの意志が強く加わっているのであろうか。今後は、巨樹でない小さな個体のDNAのパターンがどうであるかを含め、さらに細かな点についても検討を進めることが必要であろう。

巨樹の条件

巨樹となる条件の一つはいうまでもなく長寿であるということである。いかに成長の速度が速かろうとも、幹周りが三メートルというあの大きさは一朝一夕のものではない。では、長寿となる条件は何か。つまり何が巨樹たちを長寿たらしめたのか。無論その最大の要因は運がよかったことである。生を受けた直後の幼樹の時期に、周囲の樹木たちの強い圧迫にあうことがなかった。その後も致命的な落雷にもあわず、そして何より人に伐られることがなかった。こうしたまれな条件が、その巨樹を今にまで生きながらえさせた何よりの原因であるに相違ない。

しかしこのような条件が整えば、どのような樹であろうと巨樹になることができたのか。言い換えれば、巨樹になる遺伝的な素因のようなものは存在しないのか。

実はほかの生き物には長寿の遺伝子が見つかっている。長寿になるかならないかに遺伝子の関与が疑われるというのが正確かもしれない。たとえば人でも、長寿の家系とそうでない家系とで、ミトコンドリアDNAの特定領域の配列に違いがあるという。むろん因果関係はわからない。だからそれが単なる偶然にすぎないという可能性を完全に消し去ることはできない。ミトコンドリアは、そしてその遺伝子もまた、母親からだけ、子に伝わる。父親のミトコンドリアは子には伝わらない。そこが、ミトコンドリアのDNAが核のDNAと大きく異なる点である。誤解のないように念押ししておくが、ミトコンドリアとその遺伝子は男にもある。男のミトコンドリアは子には伝わらないというだけのことである。だから、女子を持たない母親のミトコンドリアDNAは彼女の代で消滅してしまう。無論彼女に姉妹がいればそうはならない。

では、クスノキには長寿の遺伝子がありそうか。もちろん今回の分析だけで決定的なことはいえないが、感触としては長寿の家系がありそうな気配はある。というのは、マーカの組み合わせでできるタイプの数（一六）が、巨樹の本数（四二）よりずっと少ないからである。つまりクスノキ巨樹の遺伝子型はある特定の型に集中する傾向がある。

もちろんそれはたまたま巨樹となった株のクローンや自家受粉でできた種子を育てて次の世代の巨樹にしたからという解釈もできないではないが、この遺伝子型がつねに長寿であり続けない限りそのようなことは起きない。やはり、結果として長寿となった遺伝子型が存在するように思われる。

巨樹たちの類縁関係

DNAから見た巨樹たちの関係をわかりやすく表にしてみた。表では、北伊豆の巨樹群の株を基準として、それから一個のマーカについて異なるもの、二個のマーカについて異なるもの、という具合に、下にいくほど伊豆のクスたちと縁遠くなるように並べられている。

まず北伊豆の巨樹群の株と同じ遺伝子型の個体は、ほかに神奈川県真鶴の灯明山の巨樹群の中に一本見つかった。伊豆の巨樹たちと一個のマーカが異なるものは全部で四種

ＤＮＡで見たクスノキ巨樹の類縁

タイプ	系統番号	所在地	B17A	B20A	B53A	A57C	B47B	遺伝距離
I	TU2	静岡県田方郡（天地神社）	1	0	1	1	1	0
	TU3	静岡県田方郡（熊野神社）						
	TU5	静岡県田方郡（広瀬神社）						
	TU6	静岡県熱海市（来宮神社）						
	KA1	神奈川県真鶴町						
II	KU7	熊本県熊本市（寂心のクス）	1	0	1	1	0	1
	KU13	宮崎県小林市（愛宕神社）						
	SK2	香川県高松市						
	KN6	大阪府門真市（薫蓋のクス）						
III	TU1	静岡県田方郡（春日神社）	1	0	0	1	1	1
	TU4	静岡県浜松市						
	KU5	佐賀県有明町						
IV	KA2	神奈川県真鶴町	1	0	1	0	1	1
V	TG1	広島県三原市	0	0	1	1	1	1
VI	KA3	神奈川県真鶴町	1	1	1	1	0	2
	KU15	宮崎県小林市（愛宕神社）						
VII	KN1	京都市	1	0	0	1	0	2
	KU14	宮崎県清武町						
VIII	TG4	山口県楠木町	0	0	1	1	0	2
	SK3	香川県志度町						
	KN3	大阪市住吉区						
	KN5	大阪市平野区						
	Ch1	中国						
	KU17	鹿児島県						
IX	KN4	大阪市（杭全神社）	1	0	1	0	0	2
X	TG2	広島県竹原市	0	0	1	0	1	2
	KU9	長崎県諫早市						
	KU1	福岡市（箱崎神宮）						
XI	KU4	佐賀市	0	0	0	1	1	2
XII	KU11	長崎市	1	1	0	1	0	3
	TU7	静岡県磐田市						
	KU8	熊本県八代市						
XIII	TG5	山口県豊浦町	0	1	1	1	0	3
	TG3	広島県竹原市						
	SK1	愛媛県大三島						
	KU6	佐賀県神崎町						
	KU2	福岡県宇美町						
	KU12	長崎県諫早市						
XIV	KN7	大阪府寝屋川市	0	0	1	0	0	3
	Ch2	中国						
XV	KU3	福岡県宇美町	0	0	0	0	1	3
XVI	KU10	長崎市	0	1	1	0	0	4

類ある。このうち熊本市の「寂心さんのクス」と呼ばれるものと同じ遺伝子型のものが、宮崎県小林市と高松市、さらに大阪府門真《かどま》市の「薫蓋《くんがい》のクス」など四株あった。141頁の写真にある春日神社の巨樹と同じ遺伝子型の株は浜松市と佐賀県有明町にあった。

伊豆のクスとは二つのマーカが異なるもののうち、山口県楠町の巨樹と同じ遺伝子型の株は香川県志度《しど》町のほか、住吉神社など大阪市内の二神社にもあった。楠町の巨樹は、神功皇后によって伐られたという説話にも出てくる巨樹であるが、住吉神社は神功皇后やその子である応神天皇とのかかわりの深い神社である。はからずもこのことがクスノキ巨樹の遺伝子型からもうなずける結果となり、興味深い。

伊豆の巨樹たちと三つのマーカで違いが見られた株の中にもいくつかのタイプがあった。これらは五つのマーカのうち三つのマーカに相違があるわけで、DNAの上からはだいぶ縁が遠いと思われるものである。おもしろいことに、これらは静岡県磐田《いわた》市の一株と大阪府寝屋川市の一株を除けば残り九株は九州、四国と中国大陸の株であった。愛媛県大三島の巨樹（68頁の写真）もここに属する。そうすると、伊豆の三島神社の巨樹と大三島の巨樹とは縁の遠い株である可能性が高い。二社の間では、クスノキの遺伝子を交換するということはなかったのであろう。

ここで取り上げたクスノキの巨樹は四〇本余りで、また調べたDNAのマーカも十分ではない。だがここまでのところで、今後何を調べればよいかが見えてきたように思う。

まず、伊豆の巨樹群が真にクローンであるかどうかが私には気にかかる。それらが株分けでできたクローンであるのか、幾代にもわたって自家受粉を繰り返したために多様性を失い、見かけ上クローンの状態になったのか、どちらであろうか。北伊豆の巨樹群の中にも、「春日大社の巨樹」のように一、二のマーカでほかと異なるタイプのものがあることからすれば後者の可能性が高そうである。株分けのクローンでは、このようなことはまず起こらないからである。つまり、伊豆の巨樹群は、互いに近縁な少数の株の種子で繁殖してできた可能性が高いように思われる。

第８章　信仰対象としてのクスノキ

巨樹信仰の東西

巨樹に対して特別の思いを抱くのは日本人ばかりではない。西洋の人びともまた、巨樹には独特の感覚を持つようである。

巨樹に独特の雰囲気を認め、信仰の対象にしてきた例は古今を問わず各地に認められた。キリスト教が入る前のヨーロッパにはオーク（樫《かし》）の巨樹があったものと思われると、ブロス（二〇〇〇）は書いている。オークの中でもオウシュウナラ（*Quercus robur*）は樹齢二〇〇〇年以上、幹周り三〇メートルにもなりえる木であるという（ブロスによる。前掲書一一九頁）。このような存在であるから、巨大なオウシュウナラの樹はこの世のはじまりからの存在であり、よってゆえなくこれを伐り倒したものは死刑に処されたのだという。しかし巨樹に対する信仰心は、おそらくキリスト教の浸透とともに変容してゆく。キリスト教的世界観では、神は天にいるのであって、地上のしかも個々の樹木などにいるものではない。巨樹やその森に神を見るなどというのは邪教であり、それらは当然排斥の対象にされた。

一方の東洋では、キリスト教のような一神教が絶対的な力を持たなかったこともあって、こうした考えは育たなかった。ごく最近まで、巨樹一本一本に神は宿り続けた。もちろん西洋の人びととて、キリスト教の浸透とともに速やかに伝統的な考え方を捨てたわけではなかったであろう。だが、東洋では本音の部分でも建前の部分でも、巨樹に対する信仰心、恐れや憧憬といった想いは西洋よりずっと強くあり続けたにちがいない。東洋の森が西洋のそれに比べて長く残り続けた背景には、気候風土のほかにこうした人びとの心の問題が関係しているようにも思われる。

セイヨウトネリコの樹形
北欧神話に登場する宇宙樹のモデルとなった樹で、近縁種が日本列島にも分布している。

宇宙樹ユグドラシルと木の信仰

北欧の神話には、宇宙の屋台骨となっている樹ユグドラシル――宇宙樹がある。ユグドラシルはセイヨウトネリコの巨樹であるが、モクセイ科の樹木でその近縁のトネリコは日本列島にも分布している。

宇宙樹は文字どおり宇宙を貫く超々巨樹で、その上のほうには神々が、そして下のほうには巨大な海蛇などが住む。もちろん人が住む世界もこの樹の真ん中あたりにある。この神話はキリスト教が伝わる前の北部ヨーロッパに広く流布していたものとされ、その意味ではこの神話はゲルマンの神話だという。ゲルマンの世界観によれば、宇宙を支えているのはトネリコの巨樹ということになる。ゲルマンは、樹木を世界の屋台骨だと考えていたことになる。

巨樹ではないが、トネリコの木はギリシアの文化の中でも信仰上重要な樹種とされてきたという。北欧とギリシアというとヨーロッパの南北両端に位置するので少し奇異にも感じられるが、それは要するに欧州の端っこということなのかもしれない。つまり、キリスト教社会の支配の及びにくかったところにだけ古の文化の片鱗が残っているということなのかもしれない。

ジェーン・ギフォードの『ケルトの木の知恵』（二〇〇三）によると、かつてブリテン島に住んでいたケルトの人びとは優れた樹木利用の文化と樹木に対する篤い信仰心を持っていたという。彼らは、東洋に住む私たちのように、そこにある樹木一本一本も神が宿ると考えたようである。それらはキリスト教文化の浸透によってしだいに忘れられ、ケルトの人びととその思想は異端にされてしまった。現代西欧の精神的支柱の根幹をなしたのは、明らかにキリスト教の教えである。それ以前の欧州の人びとは、案外今の東洋の人びとと似たメンタリティと思想を持っていたのかもしれない。

フウノキ　ミャオ族の人びとはこの樹を信仰の対象として、村の中心にその柱を立てるのだという。

長江流域の民の巨樹信仰　―フウノキの信仰

巨樹を信仰の対象とする文化は東洋にもある。日本や中国の各地に見られる、柱を立てるという行為は一種の巨樹に対する信仰のあらわれと見ることができる。柱を立てる行為は日本でも中国の各地でも、生活の節目ごとにおこなわれてきた。諏訪湖畔、諏訪神社の御柱の祭りも、青森、三内丸山遺跡の六本柱も、広く解釈すれば柱立ての類型である、と民俗学者の萩原秀三郎さんは言われる。

同じく、萩原さんの調査では、中国南西部の貴州省や広西壮族自治区などに住むミャオ族の人びとは村の中心に、フウノキでできた一本の柱を立てるのだという。フウノキの柱といえば、長江中流の湖南省、城頭山遺跡から、フウノキの材が出土していると、鳴門教育大学の米延仁志《よねのぶ》さんは言われる。しかし、同遺跡の花粉分析などにより環境復元にあたった安田喜憲さんによると、当時の遺跡周辺にはフウノキが群生していたふしは見られない。とするなら、使われたフウノキはある意図をもってそこに置かれたものであることになる。その意図がなんであったのかを厳密に推定することは今や困難なことだが、フウノキの柱を立てる風習やそうした風習を持つ人びとが城頭山遺跡の当時から長江流域一帯に広く分布していたのではないかと安田さんたちは考えている。

現代に生きるミャオ族の人びとの柱立ての風習、思想が、何千年という時を隔てて今に伝わっているのだとすれば、それは巨樹をあがめる信仰の心がそれだけの時を経て今なお変わっていないことを示している。

アンコール遺跡群と巨樹

こうした古代の人々とは異なり、今では、巨樹に対する想いは、洋の東西で違うよう

アンコール・ワットの遺跡群　熱帯雨林に囲まれた古代都市の遺跡。森に飲み込まれようとしていた寺院や王宮跡と思われる建造物が、修復によりよみがえった。

である。洋の東西というとき、どこをもって東洋と西洋の境とするかが問題ではあるが、欧州と日本を含む東・東南アジアとの間では明らかに異なる。

このことを強く感じたのは、調査でアンコール遺跡群を訪れたときであった。アンコールはカンボジアの中心部に横たわるトンレ・サップ湖の北西岸の古都シェム・レアプの北から北東にあった都市で、寺院（アンコール・ワット）や王宮跡と思われるアンコール・トム、さらに周辺のいくつかの寺院を含めた古代都市遺跡である。よく知られるように、アンコールは熱帯雨林のジャングルに覆われていたものを、フランス人博物学者アンリ・ムオーたちが一九世紀後半に再発見、世に問うたものである。小乗仏教とヒンドゥー教の不思議な融合のあとが見事な寺院の石の彫刻は、見ているだけでも飽きることがないが、それらの石を運んだ労働力、それに細かな彫刻を施した技術や文化の力、それらに動員された人口の大きさなどを考えると、その力が並大抵のものではなかったことが容易に理解される。さらに、最近発見された東西二つの巨大貯水池やその水位管理システムの精緻さを見ると、アンコールの人間活動はひとつの文明と呼んでよいほどに完成されたものであったとの感を強くするのである。

だが、さしものアンコール文明も、人びとの謎の首都放棄によってついえ去り、森に飲み込まれたまま数百年の時を刻んだのである。発見直後からの修復の努力が実を結び、今ではアンコールは当時の威容を取り戻し、往時の威容を今に伝えるまでによみがえった。しかしそれでも、巨樹の根に断ち割られた石組みが無残な姿をさらけ出す場も決して皆無ではない。数百年の時間は、森の生命力のすごさを無言のうちに語っているかのようである。それでもユネスコを中心とするアンコール修復作業は、着実にその成果をあげている。世界遺産アンコールの復興は夢ではないようである。

巨樹に組み敷かれた寺院の跡
数百年間、森に飲み込まれたまま
時を刻んだアンコール・ワットの遺跡群には、
巨大な石組みを断ち割って根づいた巨樹たちが、
森の力を示すかのように静かに立っている。

だが、私個人の考えを述べるなら、アンコールは全面復元させるべきではない。巨大な石組みを断ち割りそこに根づいた巨樹たちを伐り倒してまで当時の石組みを復旧することを復元というなら、復元はもうここらで中止すべきである。あの巨大な石の建造物を飲み込み、打ち砕いてしまった森の力を知ることこそ、次世代へのメッセージとして重要ではないかと考えるからである。当時のアンコールの人びとは、森を伐り土地をならし、そこに巨大な都市を建造した。精緻な計算に基づく都市計画と宮殿の造営。その精緻さは、確かに一瞬、熱帯雨林の生態系を後退させた。人びとは環境をコントロールしたものと錯覚した。

その錯覚は、現代文明がこの一〇〇年ほどの間に覚えた錯覚と軌を一にするものである。しかしいくら堅固な石の文明を築こうとも、それが森の力に勝てることはない。少なくとも、東洋ではそうなのだ。だが、西洋人たちは、東洋の風土に育まれたアンコールの中に、石という西洋文明の要素を見た。アンコールの復元は、西洋文明の「優位」を示すものとして西洋人には重要な作業なのである。だから彼らはその復旧を熱心に行う。だが、東洋人である私たちがそれに組みしなければならない理由は、必ずしも、ない。むしろ森に生きる東洋人として、私たちは石をも砕いた森の力を喧伝してもよいようにさえ思う。森には、そしてその王者である巨樹には、石の構造をも砕いてしまうだけの力が備わっているのである。このことを、アンコールを訪れた人びとの心に刻みつけることが重要であるように思われる。

クスノキに祈る

クスノキの巨樹はしばしば信仰の対象である。その多くが神社などにあるということもそうだが、それ以外にも注連縄《しめなわ》を巻かれたり祠をおかれるなどするクスノキは多数ある。

巨樹にはむかしから巨樹信仰があった。だから、巨樹になりやすいクスノキが信仰の対象になったのかと思っていたらどうもそれだけではないらしい。やはり、クスノキならではの雰囲気がこの木をして人の心を惹きつけるらしい。

クスノキのもつ神秘性を肯定的に捉《とら》えた記述は記紀の時代にも多く見られる。『肥前国風土記』の「神埼の郡」には、むかし景行天皇が神埼の琴木の丘と呼ばれる丘を造成しその上で宴を催した際、

興《あそび》、闌《す》きたる後、其の御琴《みこと》を竪《た》てたまひしかば、琴《こと》、樟《くすのき》と化為《な》りき。高さは五丈《いつつえ》、周《めぐ》りは三丈《みつえ》なり。（日本古典文学体系2『風土記』岩波書店より）

とある。またすぐ次の「佐嘉の郡」には

昔者《むかし》、樟樹一株《くすのきひともと》、此の村に生《お》ひたりき。幹枝《もとえ》秀高《たか》く、茎葉《くきは》繁茂《しげ》りて、朝日《あさひ》の影《かげ》には、杵島《きしま》の郡《こほり》の蒲川山《うらかわやま》を蔽《おほ》ひ、暮日《ゆうひ》の影《かげ》には、養父《やふ》の郡《こほり》の草横山《くさよこやま》を蔽《おほ》へりき。日本武尊《やまとたけるのみこと》、巡《めぐ》り幸《いでま》しし時に、樟《くすのき》の茂《しげ》り栄《さか》えたるを覧《み》まして、勅《のり》たまひしく、「此の国は栄《さかえ》の国《くに》と謂《い》ふべし」とのりたまひき。因《よ》りて栄《さかえ》の郡《こほり》と号《なづ》く。後《のち》に改めて佐嘉《さか》の郡《こほり》と号《なづ》く。（同右）

と書かれている。クスノキの大きさを表現するのに、朝日の影がどこに届いたとか反対に夕日の影がどうの、というのは『古事記』の「免寸の高樹」の話と同じ一種の誇張法であろうが、一方要するに、クスノキはいい意味での神秘性を秘めている樹と見なされている。ところが他方、クスノキを不吉、または凶と見なしたものもあるようで、『風土記逸文』「下総・上総国」には、次のような記述が出てくる。すなわち、

下総《シモフサ》・上総《カヅサ》は、総《フサ》とは木の枝を謂《イフ》。昔、此国大なる楠を生す。長《ナガサ》数百丈に及へり。時に帝《ミカド》之《これ》を怪《アヤシ》み、之を卜占《ウラナワ》し給ふに、大史《タイシ》奏《ソウ》して云《イハク》、「天下の大凶事也」。因茲《コレニヨリテ》、彼《カノ》木を断捨《キリスツルニ》、南方に倒《タフ》れぬ。上の枝を上総《カヅサ》と云《イヒ》、下の枝を下総《シモフサ》と云《イフ》。(同右)

つまり凶と出た大きなクスノキを、帝の命により伐り倒してしまったが、それが下総、上総の国のはじまりだというのである。帝には、そこまで生き延びてきたクスノキの巨樹を倒したことで、帝の国の一部ができあがったかのように見えたのであろうか。

このようにクスノキは必ずしもよい樹種として見られてきたわけではないが、それでも、古くから、何か神聖なものを感じさせる樹種であることは確かである。

となりのトトロ

クスノキの巨樹に対する信仰、あるいは信仰とまではいかないまでも、それに対する特別な想いは現代も変わることはない。宮崎駿さんのアニメ『となりのトトロ』には巨大なクスノキが登場し、そこが架空の主人公「トトロ」の住処として設定されている。西日本の一部に今もわずかに残る照葉樹の森は、人を寄せつけない雰囲気を持っている。同じく宮崎駿さんの『もののけ姫』に出てきたあの森もまた、人を拒絶する力を持っていた。もののけ姫の森は、照葉樹の森なのであろう。照葉樹は陰鬱な森をつくることが多い。シイノキの巨樹が生える神社の境内などはとくにそうである。林内の空気は湿気を含んでじっとりと重い。その分厚い葉が層をなして群落を構成するため、林内は昼なお暗い。黴臭い、それでいてなんとなく甘ったるい独特の香りが漂い、足元には湿っぽい落ち葉が厚い層をなして堆積している。藪蚊が飛んできそうな、そして今にもムカデが出そうな雰囲気、といえば、経験したことのある方にはすぐにおわかりいただけるだろう。

一方、照葉樹の中でも、クスノキにはそうした陰鬱さはない。むしろどちらかといえば芳しい、明るい感じさえ受ける樹種であるように思われる。クスノキの純林にはなかなかお目にかかることはできないが、新緑のころ、クスノキの群れの下を歩くと、なんともいえない芳しい香りに身が包まれ爽快な気分をあじわうことができる。

クスノキの持つこうした雰囲気は、湿った照葉樹林の中では人びとにおおいな安らぎを与えたに違いない。それと巨樹が持つ一種独特の雰囲気とが混ざり合い、クスの巨樹ならではの雰囲気を醸し出すのである。そのせいであろうか、クスの巨樹に独特の雰囲気を感じる方は多いようである。荒俣宏さんは『木精狩り』で、山口県の大棚のクスには品と格、つまり品格が備わっていると書いている。牧野和春さんも木霊についてふれ、巨樹はカミ、あるいは神秘的な力の宿った木なのだと書いている。とくに常緑の木は、万物が沈黙する冬にも緑の葉をためていることから、木霊の宿る木は常緑の木がよいと考えている。

よくクスノキの巨樹が神社や寺などにあるが、あれはそもそも巨樹があった場所が信仰の対象となり、そこがのちに神社や仏閣になったのではないかと思う。むろん今ある巨樹がその当時の巨樹ではないであろうが、それらはその場に植え継がれ育てられてきた巨樹たちなのではないかと私は思う。そのように考えると、神社仏閣の境内にある巨樹たちは、過去の巨樹たちの直系の子孫ということになる。今に生きる巨樹のDNAは、太古のクスノキの姿を今に伝えているのかもしれない。

安芸宮島の大鳥居

広島県にある日本三景のひとつ、宮島の厳島《いつくしま》神社には古くから伝わる大きな鳥居がある。宮島は有名な観光地であるのでそこに大鳥居があることは多くの人が知っていよう

安芸宮島の景勝、厳島神社の大鳥居
この鳥居はクスノキで立てねばならないと、
厳格に定められているのだが、
これだけの幹周をもつクスノキは
めったに見いだされるものではない。
次の次に控えている建て替えを考えて、
クスノキの苗を植えはじめたのだという。

が、その鳥居が厳格にクスノキと定められてきたことはあまり知られていない。鳥居の「幹周」は約五・五メートル。鳥居の柱には当然寿命があるので、何百年かに一度は建て替えなければならない。よく知られているように、宮島の鳥居は海中に立っている。立っているというよりは汀線上に置かれているといったほうが正確なようで、潮が満ちてくるとまるで海中に立っているかのように見えるのである。

クスノキは船材に使われると書いたが、おそらく海水に強いのであろう。その基部が海水に没する宮島の大鳥居がクスノキでなければならないというのもおそらくはそういうことなのであろう。

ところで神社が頭を痛めているのは、次の建て替えのときにそれほどの大きさの、かつ鳥居の柱になりうるだけの長さとまっすぐさを持ち合わせたクスノキの巨樹をどこで手に入れるかである。少なくとも現状では、日本国内でこの条件を満たすクスノキはほとんどあるまいと思われる。ましてや天然記念物に指定された個体となると、それを切って柱にするなど絶望的に困難である。

宮島町の有志でつくる宮島千年委員会ではそこで、次々回の建て替えのことを考えてクスノキの苗木を植えはじめた。次の次だから、まだ数百年も先のことだが、今から植えておいて、直径二メートルに達したクスを柱に使おうという胆づもりなのだという。よく植林は孫の代のためのものといわれるが、この場合は孫の代どころではない。保存会の計画の壮大は驚嘆に値する。しかし、ひょっとすると、神社などに植えられたクスの巨樹も、もとはそういう意図で植えられたものなのかもしれない。そう考えれば今度は、九〇〇年前のリーダーたちの先見の明にはただただ頭の下がる思いである。

クスノキを彫る

静岡県三島市に住む下山昇さんは彫刻家として有名である。その下山さんがずっと彫り続けてきた樹がクスノキであるという。ある年の晩春のある日、私は下山さんをアトリエに訪ねた。私と下山さんの出会いも、まったく奇遇というよりないチャンスからであった。

その日所用で三島を訪れた私は、ちょっとした時間の合間に町外れを散歩していた。とある材木屋の前を通ったそのとき、クスノキの香りがふと私の鼻をよぎった。ふつう材木屋にクスノキはない。不思議に思った私は作業所の中に入ってゆき、その香りのもとを確かめようとした。材木屋の社長は、幸いにも気さくな人であった。

「何の材が要るのかね」

「店の前を通りかかったら、クスの香りがしたものでね、それで立ち寄った」

と答える私に、社長は、

「そうかね、クスノキが好きかね。じゃあお客さん、これなんか、どうだね」

といいながら、店の奥に私を招きいれ、一枚のクスノキの板を見せた。それは長さ約一・八メートル、幅四〇センチ、厚さ三センチほどのりっぱなクス材であった。鼻を近づけるまでもなく、材からはクスノキ特有のにおいが立ち上っていた。私はそれを、部屋のテーブルにしようと思い立った。

クスノキをめぐって意気投合した私に社長は、今から市内に住む下山さんという人のところに連れて行くが時間はどうか、といってくださった。そのありがたい申し出に私は甘えることにした。下山さんは木彫の専門家で、その材を提供しているのが社長だということであった。

下山さんのアトリエには数分で着いた。アトリエに足を踏み入れたとたん、クスノキの香りがぷうんと漂ってきた。白の装束に身を包んだ下山さんは、今ちょうど、市内の神社に納める彫刻の最後の仕上げだとかいって、クスノキの姿を残した一木彫り像の前で作業しているところだった。

クスノキを彫る下山さん

作業の手を休めて下山さんはいろいろと語ってくださった。クスノキを彫るとき、荒削りすると、その都度いい香りがするのだという。私はふと、神戸の縄文時代の遺跡である日向遺跡から出土したクスの材の香りのことを思い出した。クスノキの香りは、ふとしたきっかけで発せられ、私たちの気分を和ませてくれる。

しかしクスノキは材としては暴れ者で、かんなをかけても「さかむけ」を起こしなめらかな目地はえられないのだという。私のテーブルもかんなはかけられなかった。これは、クスノキで修士論文を書いた竹内淑子さんが一日の時間をついやしてサンドペーパーで磨いてくださったのである。

それにもかかわらず下山さんがクスノキを彫り続けるのはやはりクスノキに対する想いをお持ちだからなのであろう。その意味では、下山さんもまた、私同様、クスノキに取り憑かれた一人なのかもしれない。

第９章
有用樹にされたクスノキ

樟脳の原料としてのクス

クスノキといえば近代までは樟脳《しょうのう》の原料であった。樟脳はその化学構造が簡単な物質で、強い芳香を持っている。樟脳は、日常生活上は衣類の虫除けに使われたにすぎないが、産業上は、セルロイドなどの材料として、あるいは強心剤など医薬品として必須の物質であった。強心剤は英語ではカンフルというが、この名はクスノキの学名の語源となったcamphoraと同義である。つまりクスノキの学名は「シナモン属のカンフルを産する種」という意味である。

樟脳はアラビアなどでは古くから薬として用いられていたようである。またマルコ・ポーロも『東方見聞録』に樟脳やクスノキのことを書いているという（『樟脳製造法』、伊藤翻刻、日本農書全集五三巻）。中国では樟脳の生産はすでに明代にははじまっていた。生産された樟脳はアラビアからヨーロッパに運ばれそこで珍重されたようである。日本では室町時代ころから生産されるようになり、いわゆる南蛮貿易における主要輸出品のひとつであった。近世に入ると、おもに薩摩藩などが中心となって樟脳の釜があちこちに開かれ、生産はどんどん伸びていった。やがては効率的な作り方を示した書物が登場するまでに、樟脳は主要農産物のひとつになっていった。その薬効に古くから注目していた薩摩藩（鹿児島県）では江戸時代から樟脳の大規模な生産がおこなわれていた。土佐藩も樟脳に早くから目をつけた藩で、樟脳を抽出する技術を飛躍的に高めたほか、藩内はいうに及ばず広く関西にまで手を広げてクスノキを手に入れている（前掲書）。おそらくこの時期に伐り倒されたクスノキの巨樹は相当数にのぼるものと思われる。

こうした産業上の重要性から、樟脳は明治三六年、塩、たばことともに生産から販売までを政府が独占する専売品目のひとつとなる。そこまでに重要な「作物」だったのである。

その後、樟脳を人工的に合成することが可能となったことで、クスノキからの樟脳生産は急速に廃れた。皮肉なことにこれによって樟脳を取るために巨樹を伐り倒すという巨樹乱獲は収まることになった。樟脳は、年老いた樹の、しかも根元に近い部分からしか取れない。少なくとも当時はそうであった。そこで樟脳取りには、クスノキの巨樹を手に入れることが必須であった。人工樟脳についてはそれを防虫剤として使ったときの問題が指摘されてはいるが、もし合成樟脳が発見されていなければ、日本列島のクスノキの巨樹はそのほとんどが姿を消していたであろう。

クスの棺桶

クスノキは棺桶にもなった。日本では太古、棺桶にはコウヤマキの木が好んで使われていたらしい。コウヤマキは一科一属一種のめずらしい針葉樹で、葉や材に多量の殺菌成分を含んでいるとされる。もっともコウヤマキの棺桶に納められたのは、身分の高いごく限られた人びとだけであった。魂の存在を信じていた太古の人びとは肉体が朽ち果てるのを恐れ、あるいは忌み嫌い、遺骸を腐敗から守る不思議な力を持ったコウヤマキの棺に納めたのである。

お隣の国中国には、その棺桶にクスノキを使った例があった。江蘇省の南京市。市の中心部をややはずれたところに南京博物院がある。中国には省にひとつずつ博物館がおかれているが、江蘇省の省都である南京だけはかつての中華民国の首都だったこともあり、北京と同格の博物院がおかれている。そしてここに、クスノキでできた棺桶がある。このことはすでに『DNAが語る稲作文明』(一九九七)にも書いたことだが、本書はクスノキの本なので少し詳しく書いておきたい。

棺桶は、一般の展示品とは異なり、博物院裏の文物考古研究所の棚にひっそりとおかれていた。それは丸太のクスノキを二つに割り、それぞれの中をきれいにくり貫いたあと、再度合わせてその中に遺体を納めるというものである。桶の直径は一メートルはあるだろうか。しかも棺桶であるから、人の身長分、つまり二メートル近くまっすぐな部材でなければなら

コウヤマキ　１科１属１種のめずらしい針葉樹。日本では、太古、棺桶の材に好んで用いられた。

ない。それは見るからにりっぱなクスノキの丸太なのであった。

こうした棺桶があったということは、その時代、南京周辺にはたくさんのクスノキの巨樹が生えていたことを意味する。南京付近ではなくとも、南京からそう遠くないところに、それほどのクスノキの巨樹を産する場所があったのであろう。棺桶に遺骸が納められたのは春秋戦国時代。今からおよそ三〇〇〇年ばかり前のことである。三〇〇〇年前の中国は今より気温は低く樹木の成長もよくなかったと考えられるが、使われたのはクスノキの巨樹である。あいにく中がくり貫かれていてその樹齢は明らかではないが、そのクスノキが芽生えた時期は、春秋戦国時代よりはるか前のことであろう。戦乱に明け暮れた春秋戦国時代の中国の長江流域。そこには、クスノキの巨樹の森が広がっていたのかもしれない。

南京市周辺には今はクスノキの巨樹はない。長い歴史の間に、クスノキの巨樹たちはみな伐られてしまったのである。代わって今の南京市内には、プラタナスの大木を見ることができる。だがこれらのプラタナスはまだ巨樹と呼ぶだけの風格を備えてはいない。というのも、今南京にあるプラタナスはかつてそこが中華民国の首都であったころ――おそらく一〇〇年ほど前――に植えられたものだからである。

クスの船

クスは古くから船材として利用されてきた。本書でもしばしば取りあげたように、『古事記』に出てくる「枯野」は船に与えられた名前である。『古事記』と似たクスノキの巨樹の話が『播磨国風土記』にも出てくる。これは『古事記』のコピーではないかといわれているようで、その位置は今の明石市付近だったようである。これもやはり伐られて船になったが、できた船は「速鳥」と呼ばれた。

山口県に残された説話の中に、楠町船木のクスノキの話が出てくる。そのあらましはすでの127頁に述べたとおりである。高木さんによると今の楠町の船木と呼ばれるところは以前湿地帯でありその中央にクスノキの巨樹が一本生えていたが、神功皇后がこれを伐って船にし朝鮮出兵に用いたことから、土地の名を船木としたという。

考古遺跡からもクス材で造られた船がいくつか出土している。静岡県神明原・元宮川遺跡からは縄文時代晩期のものといわれるクス材の丸木船が出土している。この丸木船は長さ六・七メートル、幅は六五センチほどであるが、船としては非常に浅いものという。もとの材はおそらくもっと太い巨樹だった可能性が高い。なお、この丸木船が出たそばの清水市（現在は静岡市）巴川《ともえがわ》から、鎌倉時代のものと

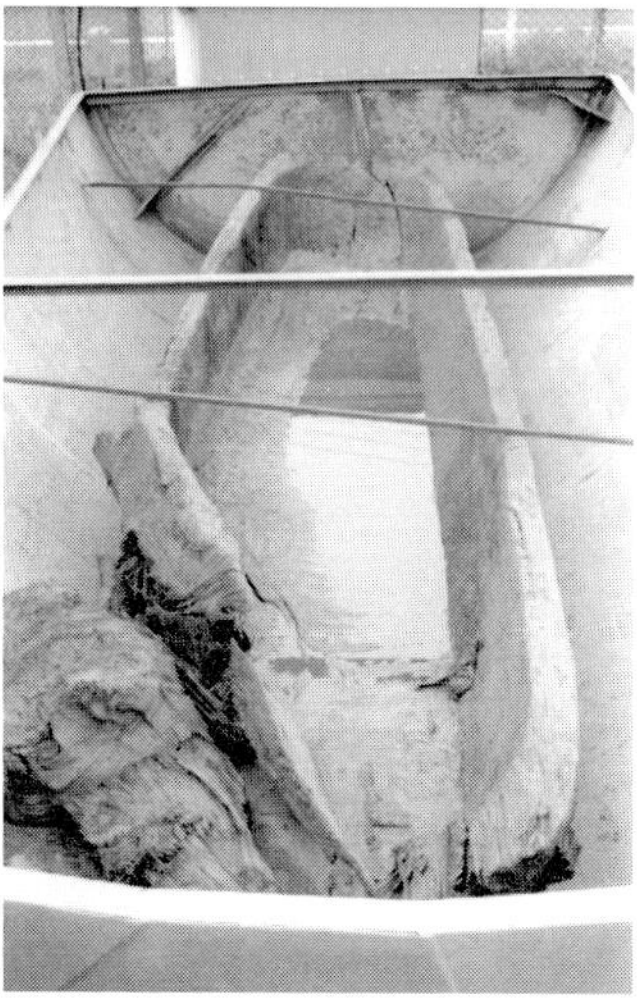

クスノキの巨樹で造られた丸木船
（静岡県埋蔵文化財調査研究所提供）

思われるクスノキの丸木船が出土している。こちらは、長さが約五・二メートル、幅は一・三メートルもあり、もとの樹が相当の巨樹であったことを示している。クスノキの丸木船はほかにも、大阪府、和歌山県などに出土の事例があって、太古の人びとがクスノキを優れた船材と考えていたことがうかがい知れる。おもしろいことに、クスノキの丸木船は新潟県の一例を除けばすべてが太平洋側に固まって出土している。過去の時代におけるクスノキの分布や伝播を考える上で示唆的である。

船材にクスノキを使う利点はいくつか考えられる。最大の理由は、むろん巨樹になるというところであろう。とくに建造船がなかった時代には、なるべく長く、太い丸木を準備することが、大きな船を造るのに決定的に重要であった。その点、スギなどとともに多くの巨樹があったクスは船材には好適であったといえる。

クスノキが船材によい第二の理由は、材に含まれる樟脳の成分が船体を腐りにくくしたとか、あるいは水の「のり」をよくしたというようなことも考えられる。私が子どものころに、樟脳で動かす船というものがあった。ブリキのおもちゃの船のおしりのところに樟脳の小片を乗せて水に浮かばせると、樟脳が水をはじく力で前に進むようになっていた。これなど、大昔の人の知恵がそのまま現代に生き残ったものではなかったかと思われる。また樟脳の成分が、船体を腐りにくくしていたことも考えられる。クスノキはもともと、船材としての「天性」を持っていたのかもしれない。

天一閣の書箱

樟脳の成分を利用したことのひとつと考えられるのが、中国浙江省・寧波《ニンポウ》市にある明代の図書館である天一閣の書箱である。天一閣は図書館であるから、多くの蔵書を持っている。蔵書の数は三十万点、その多くが明代のものであるという。

昔の本をぱらぱらめくってみると、ところどころ虫が食って穴だらけになっていることがある。和書でなくともちょっと古い書籍の中には虫食いが多く気味の悪い思いをした経験をお持ちの方もきっとおられよう。気味が悪いだけならともかく、肝心な部分が食い破られて判読できないということになるとほうってはおけない。

天一閣　中国寧波市にある明代の図書館。ここの書庫はすべてクスノキで作られている。

そこでどこの図書館でも古書の虫除けには頭を痛めることになるわけだが、天一閣の場合にはちょっと変わった工夫を施した。書庫をすべてクスノキの材で作ったのである。こうすることで膨大な量の蔵書が虫による食害から護られた。これは実に名案である。よく本を虫の食害から護るために書庫にナフタリンや樟脳を入れるが、その欠点は強いにおいが生じることと、定期的にナフタリンや樟脳を補充しなければならないことである。その点、書庫自体をクスノキにしておけば虫除けの手間や虫による害はずっと小さくなるであろう。95頁にも書いたように、クスノキの材は何千年にわたってその独特の芳香を出し続ける。クスノキの材には虫を忌避する効果が長期にわたって備わっているのかもしれない。天一閣の書庫はその可能性を強く示唆している。

もしクスノキの材に虫除けの効果があるというのならば、

箪笥の中にクスノキの端材でも入れておけば半永久的な虫除け効果が期待できはしまいか。一棹の箪笥に、どれほどの大きさの端材を入れておけば虫除け効果が期待できるか。その効果に、材による違いがあるのか否か。ちょっとした研究ができそうである。

除草剤代わりのクス

クスといえば樟脳。樟脳は殺虫剤としてあまりに有名であるが、クスノキには除草剤としての成分も含まれている。神社などで下草の生え方を見ていると、特定の木の下にはまったく下草が生えていないものが見受けられる。それは、人為的に刈り取られたというのでなく、生えていないように見受けられる。どうしてだろうか。クスノキの中にもそのような木を見ることがある。ひょっとして、クスには下草を抑制する働きがあるのではないだろうか。

この疑問の解決に挑んだのが、一九九六年に私の研究室を卒業した平岩明晃さんである。彼の卒業研究のテーマは、春先に落ちるクスの落ち葉が除草剤として使えないかを検討したものであった。彼はまず、田んぼの土を、五〇センチ×四〇センチ×二〇センチくらいの大きさのバット三つに詰めた。普通の田んぼの土なので、放置すればさまざまな草が生えてくる。実際、ときどき水をやるだけで放置した箱は三週間の後には草ぼうぼうの状態になった。そこで平岩さんは残り二つのバットには、土を入れた直後に、それぞれ一〇〇グラム、二〇〇グラムのクスの枯れ葉を混ぜておいた。水をやる間隔やその量は、放置した箱と同じようにした。

するとどうだろう。クスの枯れ葉を混ぜ込んだ箱では、いわゆる雑草はほとんど生えなかった。正確にいうと、単子葉の雑草にはあまり強い効き目はなかったが、双子葉の雑草にはきわめて強い効き目をあらわした。葉の量による効果の違いは見られなかった。こういう場合、効果のほどは数字にしてお見せするのが普通だが、効果があまりに見事なため、ここではあえて写真をお見せすることにしたい。クスの枯れ葉は、水田に生えるある種の雑草の発芽を強く抑制するのである。

気をよくした私は、彼に、今度はクスの枯れ葉を水田の中に鋤き込んでみることを提

クスの落ち葉の除草効果実験　クスノキの枯れ葉を水田の土に混ぜ込んだバット（左）と混ぜていないバット（右）での、草の生え具合から、クスノキの除草効果が期待でき

案した。むろん彼にも異論のあろうはずはなく、クスの枯れ葉をせっせと集めては農場に運び、田んぼの土に混ぜ込む作業をおこなった。クスの枯れ葉を鋤き込んだ区画と何もしなかった区画を設け、同じようにイネを植えた。夏には、クスの枯れ葉が絶大な効果をもたらし、草の一本も生えない見事な田が出現するはずだと、彼と私は期待を膨らませていた。

ところがどうだろう。私たちの意に反し、クスの葉を鋤き込んだ区画にもちゃんと草が生えているではないか。田んぼに張った水が、クスノキの葉が本来持っている除草効果を発揮できなくしてしまったのだろうか。それともクスノキの落ち葉の除草効果は、落ちた直後にしかないのだろうか。詳しい検討はまだおこなってはいないがクスノキの落ち葉の除草効果は万能ではないようである。

クスノキの家具

クスノキは、家具としてもよく使われてきた。衣類は虫の害を極端に嫌う。だから昔の人びとは箪笥の中に樟脳を入れていた。時代が変わっても、樟脳がナフタリンに、さらにそれがにおいのしない虫除けにと変わったが、眼には見えない箪笥の中の虫を封じるための知恵が凝らされていた。そうだとすれば、樟脳の原料でもあるクスノキを使った家具を作れば虫除けになるはずである。先に紹介した天一閣の書箱も同じ発想で作られている。クスノキの家具の人気の秘密はこういうところにあると思われる。

実際、クスノキの材はいつまでたってもよい芳香を放つようである。私が以前いた大学の研究室にはクスノキで作った一枚板をテーブルに使っていた（188頁）。最初のうちは朝研究室のドアを開けると、クスノキのよい香りがしていた。そのうち香りがなくなったように思っていたのだが、研究室に来られるお客さんの中には「いい香りがしますね」といわれる方も多かった。クスの材からは相当長期にわたって芳香が発せられているのであろう。

街路樹

クスノキはまた、街路樹にもよく使われる。以前、中国上海の玄関口であった虹橋空港から市内にかけて、クスノキが街路樹として植えられていた。新緑のころに上海空港から上海の町に入る楽しみのひとつが、クスノキの新緑のあざやかな緑色であった。ほかの町の街路樹と同じく、上海の街路樹もまた、地上から一・五メートルほどのところまでが白く塗られている。その理由は、あれこれたずねてみたもののもうひとつははっきりとしなかった。あるものはそれを虫除けの塗装だといい、またあるものは車が街路樹に衝突するのを防ぐためだといった。

クスノキを街路樹に使う町は、中国でもまだある。上海特別市の西隣の江蘇省でも、蘇州《スーチォー》市など一部の町でクスノキを街路樹に使っている。南京市から南隣の浙江省に向かう街道筋にも、多くのクスノキが植えられている。それらの多くはまだ稚樹ではあるがいずれは巨樹になることだろう。

中国のクスノキは日本のクスノキと遺伝的に少し違うようで、幹の色は黒っぽく、また幹の表面に入った皺の目も細かいように思われた。学名は、しかし、日本のクスノキ、中国のクスノキとも同じ（*Cinnamomum camphora*）である。亜種レベルでの違いがあるのかもしれない。

クスノキは日本でもよく街路樹にされている。鹿児島市内にはずいぶんりっぱなクスノキの樹々が多いが、さすがはクスノキを県木とするだけのことはある。県木といえば、クスノキを県の木とするのは、先にあげた鹿児島県のほか、佐賀県、熊本県、兵庫県の四県である。

クスノキはまた、防火の力にもすぐれているといわれる。樟脳を含むなど、いかにも燃えやすそうなイメージがあるが、関東大地震の際に、クスノキの植えられた公園は類焼をまぬかれたとどこかで聞いたことがある。最近では神戸で、阪神淡路大地震の際に発生した火災が、やはり公園のクスノキのところから先には及ばなかったという。ただしクスノキはいったん火がついてしまうと実に消火に手間取るのだと太宰府天満宮の禰宜、味酒安則さんはおっしゃっている。その材は樟脳という揮発性の成分を含むわけだからそれも納得である。両方の話が本当なら、クスノキは火がつきにくく消えにくいというところだろうか。

灰汁巻はクス灰で

鹿児島県一帯に灰汁《あく》巻という食べ物がある。もち米を笹の葉などで巻いてそれを煮て作るが、煮る作業に灰を使う。話は脱線するが、笹は古来から食品包装にしばしば使われてきた。というのもその葉には強力な殺菌作用があり、冷蔵庫や保存料といった食品保存の手段を持たなかったむかしの人びとには貴重な資源だったからである。

灰汁巻はそれをさらに灰で滅菌しようというもので、防腐効果は絶大であったと思われる。この笹と灰のおかげで、灰汁巻は中まで真っ黒な色をしている。

室井（二〇〇一）によると、灰汁巻を作るのに最も適した灰はクス灰、つまりクスノキを焼いて作った灰であるという。その理由は、クス灰の香りがよいためということであるが、果たしてそれだけであろうか。樟脳の殺虫、殺菌効果が多少とも関係しているのではあるまいか。とすれば、灰汁巻きは二重三重に防腐効果を高めた食品ということができる。

鹿児島県はクスノキの一大産地であり、巨樹の量も他県に比べて抜きん出て多い。クスノキは、人びとの暮らしの中にもしっかりと息づいているようである。

クロモジの爪楊枝

爪楊枝というと、若い世代の人びとには、外材か間伐材でできたあの味気ない爪楊枝が連想されることであろう。だがちょっと気取った爪楊枝は、クロモジの木でできている。クロモジの爪楊枝は、根元のところにぶち入りの黒っぽい樹皮を残した、やや太目

クロモジ　クスノキ科の落葉樹で、材にはかすかな芳香があり、古くから楊枝として使われている。

の楊枝である。多くが手作りなのであろう。和菓子をいただくときには欠かせない小道具である。

和菓子の楊枝がクロモジであることには意味がある。クロモジにはかすかながら芳香があり、その香りを楽しみながら菓子をいただくようになっているのだそうである。クロモジはクスノキ科の植物で、材にも芳香成分が含まれている。

クスノキ科の植物にはほかにも、その香りのために重宝されている種がある。ニッケイもその代表的な例である。ニッケイの英名がシナモンである。クスノキ属の学名を*Cinnamomum*（シナモマム）というのもここから来ている。ニッケイではわからなくともシナモンの名をご存知の方は多いであろう。シナモン・ティーにシナモン・ケーキ。洋菓子だけではない。シナモンは和菓子にも使われる。和菓子の場合は、シナモンというよりやはりニッケイのほうがぴんと来る。

京都の銘菓のひとつである「八ツ橋」の独特の香りはこのニッケイの香りである。また年配の方がたの間には、にっき飴の懐かしい風味と味を覚えておいでの方も多いであろう。

それともうひとつ、ゲッケイジュ（ローレル）の木もクスノキの仲間の植物である。ブーケガルニなどに使われるローレルは、ゲッケイジュの葉を日陰で乾燥して得られたものである。こちらは菓子の香りづけではなく、肉料理などの香りづけ、臭み抜きに使われる。こうしてみると、クスノキ科の植物は、セリ科、シソ科などと並んで香味料として広く使われてきたことがわかる。

ランドマーク

日本列島に住んでいた人びとは縄文時代以来、現代の私たちが考える以上によく旅をしたようである。とくに南洋から日本列島にさまざまな物資や文化を運んだ人びとが持

ランドマーク、開聞岳　空路、アジアから日本へ戻るときには、薩摩半島のこの山が迎えてくれる。

っていた航海の技術は相当なものであったようである。だが、羅針盤も海図も持たない彼らは何を目印に航海したのだろうか。彼らが持っていたランドマークはなんであったか。

はるか外洋を渡ってきた旅人たちが目的の湾を探しあてたのは、山、岬といったスケールのランドマークによってであった。このスケールでのランドマークになった自然物には、山、岬、半島などがあげられる。かつてアメリカ軍が日本本土を爆撃したときには、富士山がランドマークになっていたといわれる。名古屋以西の都市を爆撃に来るＢ２９の編隊は、潮岬上空で東西に分かれて大阪方面と名古屋方面に向かったという。特徴的な形を持つ山や岬が、航空機からもよく識別できるからである。このことは今でも変わりがない。私は今でも東南アジアに出かける機会が多いが、帰国時の飛行機の窓から薩摩半島先端の開聞岳の姿を見ると、ああ、帰ってきたなとほっとする。地図もGPSもなかった太古の人びとにはその思いはいっそう強かったであろう。

船が外洋から内海に入ると、今度はさらに小さなスケールのランドマークが必要であった。滝もまた、そうしたランドマークとして好適なものであった。紀州南部・勝浦の漁民たちは、沖合いに漁に出て帰ってくるとき、潮岬の沖合いを右に進んだ後、次は那智の大滝を目印に港にアプローチしたという。山ばかりでかえって目立つ目標物を設定しにくかった南紀で、那智の滝はおそらく、漁師たちの間で名に聞こえた名滝であったに相違ない。

牧野和春『巨樹の民俗学』によると、巨樹の機能のひとつに標木というものがある。標木とは目印となる木のことで、今流に言えばそれは一種のランドマークである。牧野さんが標木としてあげているクスノキが、本書でも紹介した鹿児島県蒲生町の「蒲生の大楠」である。牧野さんがおこなった聞き取り調査では、よそから蒲生に入った旅人は、この大楠の姿を見て蒲生に到着したのを知ったというから、それはまさにランドマークそのものである。

クスに限らず、巨樹は古くから標木として使われてきたようである。「三本杉」、「八本松」などの地名は、三本のスギ、八本のマツの大木がその土地の目印となったことを示すものと思われる。

ただしいくら巨樹とはいえ、それらがランドマークになるためには森がある程度切られ、周囲の視界が開けていたことが前提になる。巨樹とはいえ、うっそうたる森の中に埋もれていたのでは遠くからその姿を視認することができず、したがってランドマークとしての機能を果たすことはできないであろう。ランドマークとしての機能は、内陸にある巨樹にあっては平地の開発が進み、巨樹だけが保護され残されるようになってからのことであろう。

こうしたことを考えても、巨樹がランドマークとして太古の時代から機能していたのはおもに海辺や水辺の地域ではなかったかと思う。

第10章　巨樹とその文化を守ろう

クスノキはなぜ伐られたか

クスノキについて調べはじめて以来私の心の中にはずっと、ひとつの謎が解けないいま残り続けていた。クスノキが古のむかしからこうも大事な存在でありながら、なぜ伐られてしまったのかである。

巨樹は巨樹であるがゆえに、雷に打たれて火事を起こしたとか、あるいはその衝撃で大枝の一部が欠損したり、あるいは株全体が倒壊したというようなことがしばしば起きていた。実際今も残る巨樹たちの中には、雷に打たれた損傷の傷跡をなまなましく残すものも少なくない。
しかしなんといっても、巨樹の生命を脅かす最大の要因は人による伐採であった。等《と》乃伎《のき》の高樹にしても、それは明らかに信仰の対象であり、また暦学上も重要な存在であったはずである。それにもかかわらず巨樹は伐られ船になってしまった。『播磨国風土記』の「明石の巨樹」も、山口県船木のクスノキも同じように伐られ、船にされてしまっている。いったい何があったのだろうか。

等乃伎の高樹の伐採時期が紀元何年ころのことかは不明であるが、それが弥生時代から古墳時代にかけてのことであったことはまず確かであろう。この時期の日本列島は、古代国家統一に向けての戦乱のさなかにあり、敵味方入り乱れての争いが日常的に起こっていたものと想像される。都もしばしば移転している。移転したというよりは、あるいは権力争いによって負けた側の都が焼き落とされる、ということが相次いだのであろう。

等乃伎の高樹も、あるとき周囲にあった神殿などとともに焼き落とされたのかもしれない。自分たちの守護神をいたんだ人びとが、その材で船をつくったのかもしれない。このあたりの話は、「花咲爺さん」の物語の展開と何やら符合しそうだが、当時の日本列島に住んでいた人びとがみな平和的で一元的な価値観や思想を持っていたと考えることはできない。巨樹をあがめる価値観と、それを邪悪と見るかあるいは中立的にしか見ない価値観とが同居していたとして不思議はない。一本の巨樹をめぐり、それを護るか伐り倒すかをめぐる攻防が展開されていたこともあったのではあるまいか。

東のクリの木と西のクスノキ

縄文時代における樹木の利用といえば、東日本に住む方がたはまっさきにクリやケヤキの木を思い浮かべることだろう。中でもクリの木は縄文時代の遺跡からは広く見つかる樹種である。クリがこうも使われた最大の理由はその実が食用に適していたからにほかならない。実際、クリの子実が出土する縄文時代の遺跡はたくさんあり、しかも出土する子実の量は半端なものではない。縄文時代の日本列島に住む人びとは、クリに強く依存していたことは明らかである。

私はかつて、三内丸山遺跡などから出土したクリの子実のDNA分析から、当時のクリが栽培化されていたと主張した。安田喜憲さんや辻誠一郎さんなどの花粉分析の結果によると、クリの栽培化がはじまる少し前ころから、遺跡周辺の生態系は大きく変貌を遂げ、それまでのブナ、ミズナラなどの森から、クリを主体とするいわゆる雑木林へと変わっていたようである。つまり三内丸山の人びとは五九〇〇年ほど前に原始の森を伐り開き、どこからか持ってきたクリを植え、さらにその中から、美味しいとかたくさん採れるなど都合のよい性質を持つものを選び出してきた。この選抜の過程で、ある特定の遺伝子を持った個体だけが選び出され、それがクリの栽培化と大量生産を導いたのであった。

だが、クリがこんなにも多用されたのは、その食用としての価値だけによるものではなさそうである。よく知られるように、青森県の三内丸山遺跡からは、縄文時代中期（約四〇〇〇年前）のものと思われる六本の巨大な木柱からなる建造物が出土している。この建物が何であったかの議論は専門家にまかせるとして、ここではその六本がいずれもクリの木でできていたこと、そしてもっとも太いものでは直径が一メートルを超えて

クリの巨樹（北海道小樽市）　東日本に広く分布するクリの木は、縄文文化を支えた樹のひとつと考えられている。

三内丸山遺跡で復元された6本の巨大な木柱　縄文中期のものと考えられるこの建物の柱はすべて巨大なクリの木から伐り出されたものである。

いたことを改めて確認しておきたい。こうしたクリの巨大木柱は、三内丸山遺跡だけではなく、富山県小矢部《おやべ》市の桜町遺跡、石川県鳳至《ふげし》郡能都《のと》町の真脇遺跡、同じくチカモリ遺跡などからも出土している。これらに共通するのは、いずれもその時期が縄文時代中期であること、それから日本海沿いの地域から見つかっていること、の二点であろう。

藤田富士夫さんによると、クリの巨樹を使って構造物を造る「クリの巨樹文化」は日本海側の本州中部に限って見られる。三内丸山遺跡を加えれば、縄文時代中期以降の、とくに日本海側の北部よりに広まっていたクリ文化は、単にクリの子実を食べその材を利用するだけでなく、クリの木それも巨樹を一種の信仰対象として用いる文化であったとも考えられる。ここで、このクリとクスノキとの対比を試みようと思う。

クリ巨樹の分布

クスノキの時にも使った環境庁（当時）編『日本の巨樹・巨木林』からクリの巨樹を

ひろってみると、一九九一年当時でクリ巨樹の数は全国で一六三本であった。この統計は一〇年も前のものであり、その後枯れたり新たに見つかったものなどがあると思われる。こうした入れ替えを可能な限りおこなってまとめ直してみると、最大のクリの木（胸高での幹周り）は青森県下北郡大畑町にある巨樹でその値は七〇〇センチである（巨樹・巨木保護中央協議会のホームページ「森の巨人たち100選」による）。クスノキの最大径が二四メートルに達したのに比べると、この値はいかにも小さい。また巨樹として登録された個体の数も、クスノキのそれのわずか数十分の一にすぎない。しかしそれはクリが樹木としては比較的短命であることを考えると納得がゆく。その代わりクリは種子生産性がずいぶん高く、だからこそ子実が食用として重宝されたのである。

クリの木は落葉広葉樹で比較的冷涼な気候を好むので、その巨樹の分布もまた北に偏る。クリの木とクスノキ巨樹の分布を同じ地図の上に重ねてみると、おもしろいことに両者は見事に棲み分けている。ただ、クリの場合、北日本だけではなく、広島県や熊本県など西南日本にもその巨樹が分布するのが興味を引く点である。

なぜ六本柱か

三内丸山遺跡から巨大な六本柱が出土したとき、それがどんな建物であるかをめぐって専門家たちは激論をたたかわせた。むろん正解はどこにもないわけだから、議論が尽きることはなかった。どれだけ説得力があるか、魅力があるか、発案者の声が大きいか、など、さまざまな要素が関係してなかなか白黒がつかない。結局、その復元にあたってはさまざまな意見の折衷案として、六本の柱に支えられた、屋根なしの、見張り櫓とも神殿ともなんともつかないプランが採用されることになった。六本柱がなんであったか、むろん私にも自信に満ちた答えはない。ただそれが多分に精神性に関係した、つまり宗教的な色合いの濃いものであっただろうという想像をするばかりである。

だが今になって落ち着いて考えてみると、出てきた議論は六本の柱が六本とも同じ高さと役割を持っているという仮定にこだわりすぎたのではないかという気がする。先に、広島県宮島町の厳島神社（宮島）の海中大鳥居が四本の支柱に支えられていると書いた

（184頁）。そんなことは宮島を訪れたことのある人ならば誰もが知っていようが、私はそれをみた瞬間ちょっとした違和感を覚えた。その違和感が自分の中で解消される前に、私の「理性」は四本の余分を水中に立つ不安定な鳥居を支える補助脚と理解してしまった。鳥居は、私の乏しい常識ではあくまで二本柱のものであった。

でもどうだろう。鳥居はもともと六本柱だったのかもしれない。外の四本が補助脚などではなく、鳥居の一部であったのならどうだろう。三内丸山遺跡の六本柱は、今の鳥居に通じる建造物だったのかもしれない。

出雲大社の巨大木柱

二〇〇二年四月、島根県大社町教育委員会は、出雲大社の発掘によって現在の本殿近くの地下一・六メートルのところから、かつての大社本殿の宇豆柱《うずばしら》と思われる柱根を発見したと発表した。だが奇妙なことに、柱は、直径が一・三メートル程度の柱を三本束ねて作られていた。三本を束ねた太さは三メートルにも達したという。その後の調査で、発掘された心柱は鎌倉時代のものとわかった。

三本の木はいずれもスギであった。スギといえば、これまた日本列島では多くの巨樹が残る樹種のひとつである。伝説によると出雲大社の高さは四八メートルあったことになっているが、なるほどこれだけの太さがあれば四八メートルもおかしくはない。それにしても三本の柱を束ねたのはなぜか。その理由は必ずしも明確ではないが、直径が三メートルにも達する巨樹が当時すでになくなりつつあったからではないかと思う。

この出雲大社の九本柱のスタイルは大社造りといわれる神社のスタイルのひとつである。このスタイルを今に忠実に残すのが、松江の南方にある神魂《かもす》神社であるという。神社は、松江から国道四三二号線を南下し八雲村にいたる手前、周囲に多くの古墳や神社の集まる、かつて古代出雲の中心地であった場所にあたる。

神魂神社の神殿　古代出雲の中心地にあって、戦国時代に造られたこの神殿は、９本の巨大な柱に支えられて建っている。

神魂神社の神殿

二〇〇四年五月のある日、私は島根県庁の井上勝博さんのご案内で神魂神社を訪れた。井上さんは私の見立てによれば県庁でも一、二を争う出雲史家で、過去にもう幾度も私を連れては県内各所の遺跡や古刹を歩いてくださった。一流のガイドを伴っての旅を繰り返したのだから、私の出雲への関心は否が応でも高まった。この日も、すがすがしい五月晴れにもめぐまれて快適な旅であった。道中、しかし出雲にはクスノキの巨樹はないものだと周りを見渡しているうち、車は神社前の駐車場についた。神殿は、道路わきから、急な、段差の大きな石造りの階段を上ったところにある。階段の途中からは中の海をわずかに眺めることができる。井上さんの話では、当時出雲の国庁が付近にあったころは中の海はもっと塩分の濃い入り江で、かつその汀線は今よりももっと奥にまで入り込んでいたのだろうという。そうだとすれば、神魂神社のこの神殿は海から眺めて見上げるような格好で建っていたことになる。

神殿は白木造りの、落ち着いた建物であった。現在の建物は一五八三年、戦国時代のもので、四二〇年ほどの歴史を持つ。高さ一三メートルは、むろん伝説に出てくる出雲大社のそれ四八メートルよりはずっと低い。神殿の手前には寄り添うような形で拝殿がおかれている。そしてその拝殿から神殿に上る階段がしつらえてあって、神職はその階段を上って神殿に入ることができるようになっている。

神殿の構造は、見る人がみれば屋根にあがった妻木の格好がどうの、という建築様式の話になるのだろうが、私の関心はもっぱら神殿を支える柱のほうにあった。果たして柱は九本で、それぞれが直径〇・八メートルはあろうかというりっぱなものである。材はマツであろうと思われる。しかも柱は、とくに中央両側の二本は神殿の屋根に届く高さなので九メートルには達するものと思われる。これだけの長さの、しかもまっすぐな材を手に入れることは四二〇年前のこととて決して容易ではなかったはずである。

神魂神社の東数キロにある六所神社の神殿もまた九本柱の構造を持つ大社造りの神社である。こちらは神魂神社ほどの大きさはないが、柱が円柱というより八角形をしているのが特徴だろうか。なお六所神社は出雲国庁跡のすぐそばに立つ神社で、おそらく格は神魂神社に負けずおとらず高いのであろう。

出雲の巨樹文化はスギの巨樹文化か

さて、発掘された出雲大社本殿の九本の柱は、スギで作られていた。このことだけをもって「スギの巨樹文化」などというのも危なっかしいと思われるかもしれないが、出雲大社の本殿の心柱が出土した際、材の産地を巡って地元では盛んな議論があった。当時の山陰中央新報の記事によれば、『出雲国風土記』の記述などからその産地を大社から南二〇キロほどの佐田町吉栗山ではないかという説を出した専門家もいるという。佐田町は出雲の名山で国引き神話の三瓶山《さんべさん》（一一二六メートル）の北東の山ろくに位置するが、三瓶山は縄文時代のスギの埋没林が見つかって話題になったところでもある。三瓶山周辺では古くから地中に巨樹が生き埋めになった埋没林があることが知られていた。一九八二年には小豆原で、圃場整備の最中に直立したスギの巨樹が発見されている。小豆原埋没林は三瓶山を太田《おおだ》市方面に下る急な斜面の途中にある細い谷の中にあり、その後九四年に大量の埋没巨樹が見つかり一躍有名になった。埋没林は今から三五〇〇年ほど前（縄文時代後期）の三瓶山の噴火によるものとされる。現在、ここには三〇本近い巨樹が見いだされており、その大半がスギである。縄文時代以来、出雲一帯がスギの巨樹を多く擁した土地であったことは確かであろう。

そもそも巨樹の分布はどのようにして決まるのか。むろんその大枠が気候などの要素で決まっていることは疑いがない。そのことは、日本列島の西半分に広まる常緑の広葉樹林が気候の温暖化にともない北上したと考えられることからも明らかである。しかし、話が巨樹におよんでも気候だけでその分布を考えることはできるであろうか。私は、巨

小豆原のスギ埋没林の博物館　1984年に発掘された埋没林からは、スギと思われる巨樹が30本近く見いだされている。

樹の分布には気候以外の要素、とくに人間の要素が大きく関係しているように思う。

たとえば出雲には、先にも書いたように、クスノキの巨樹はあまり見られない（『日本の巨樹・巨木林』によると一七本）。一方、クスノキと同じ照葉樹であるシイノキの巨樹は分布する。『日本の巨樹・巨木林』によると、島根県内のシイノキの巨樹は二七六本で、スギ（二九二本）に次いで二番めに多い。中でも八雲村の志多備神社のシイノキ巨樹は日本一の大きさ（幹周り一一四〇センチ）を誇る。このようなことを考えてみると、シイノキの多さ、クスノキの少なさは、人による選択の結果をもうかがわせる。

出雲にスギの巨樹文化があったか否か。ここでその結論を出すのは早計かもしれない。だが、その可能性を念頭に調査を進める値打ちは十分ありそうである。今後、クス、クリ、そしてこのスギの巨樹文化の存在をめぐって、さらなる情報の収集と分析に努めていきたい。

おわりに

巨樹の扱いはまさにその時代を生きた人びとの自然や環境に対する考えを反映したものということができる。キリスト教が支配する前の欧州に生きた人びとも、記紀の時代以前の日本列島に生きた人びと同様、巨樹にカミを見ていた。神という言い方は正しくないとしても、人びとはそれに神秘や畏れを感じていた。だから人びとはそれら巨樹を伐採しようなどとは思いもしなかったであろう。だが、その地を訪れた異邦人たちは巨樹の神秘を理解しようとはしなかった。むしろ先住民の心の支えとしての巨樹は積極的に伐採の対象とされたのかもしれない。その行為は支配しようという異民族のシンボルに対する征服であり破壊であった。あるいはそれは単に資源として見えたのかもしれない。いずれにしても巨樹たちはどんどん伐られていった。

時代が下ると、ある種の樹木は有用植物として品種改良の対象となり、その生を人に管理されるようになった。クスノキもまた例外ではなかった。用途が船から樟脳に変わっただけで、やはりクスノキは伐採の対象であったことに変わりはなかった。いや、船材としてならば、異形の巨樹は伐採をまぬかれたであろうが、樟脳の材料としては形の悪さは問題にはならなかった。しかも樟脳の場合、樹齢が問題となる。同じクスノキであっても若い樹は樟脳をほとんど生産しない。ある齢に達したクスノキだけが樟脳を生産するというのである。こうなれば異形の相を呈したかどうかは関係がない。クスの巨樹は絶滅の危機に瀕したのである。

皆伐の憂き目に遭うかと思われたクスノキの巨樹がそれをまぬかれたのは、その後樟脳が化学的に合成できるようになったためである。クスノキの巨樹はこんどは見向きもされなくなった。巨樹が絶滅をまぬかれたのが、樟脳の化学合成にあったのは皮肉というよりほかない。そしてさらに最近の自然保護運動の高まりの中で、クスノキの巨樹は今度は手厚く保護されるようになった。

このように眺めてみると、クスノキの巨樹の成立からその森の形成、さらには伐採による減少といった一見なんの変哲もない自然現象と見えたものが、実はすぐれて人為的な現象であったことに気づかされる。森とはなんだろうか。そして樹木とはなんだろうか。私たちは今まで、これらの対象を、自然科学の目でしか見てこなかった。だが、その存在を人とのかかわりの中で明らかにしてゆくという視点が、これからは必要なのだと思う。

巨樹たちは、その長い時間を生き抜いてきたいわば歴史の生き証人たちである。過去の出来事を知るのに、歴史学者は史料を使うのがよいと考える。考古学者は、遺跡から出る遺構や遺物に頼ろうとする。だが私は、これらに加えて、巨樹に刻まれた年輪やDNAにも耳を傾けていこうと思う。それらは今まで、巨樹の体内に、あるいはその細胞の中に封印された情報であった。だが今や年輪を見るのにX線が使える時代である。DNAをとるなら一枚の落葉で足りる時代になった。いずれ、透視された年輪のパターンから、そして取り出されたDNAから、もっと詳しいことを読み取れる時代が来るだろう。その時を楽しみにしている。樹木とは何か。そして森とは何か。今まで自然科学の目でしか見てこなかったこれら巨樹たちやその集合たる森の存在を人とのかかわりの中で明らかにしてゆくという視点が、これからは必要なのだと思う。

本書は総合地球環境学研究所（地球研）ライブラリーの一冊として出版できることになった。いろいろお骨折りいただいた同研究所・研究推進センター長の斉藤清明さんはじめ出版委員会のみなさんに、まずお礼を申し上げる。また所長の日高敏隆さん（動物行動学）と竹内望さん（雪氷生物学）には、それぞれ専門のお立場から、おもしろいお話を聞かせていただいた。信仰対象としてのクスノキについては民俗学者萩原秀三郎さんの貴重なご意見がたいそう参考になった。ほかにも各所で、多くの方々に情報を提供していただいたり教えを受けることができた。紙面の都合から、こうした方々のお名前をすべて挙げることができなかったことをお詫びしたい。

文芸春秋社元管理局長の池部誠さん、ドメス出版の夏目恵子さんには原稿を通読いただき、構成上貴重なご意見を賜った。こうした方々のご支援がなければ、本書は世に出なかったかもしれない。

クスノキの巨樹のDNAの調査にあたって、それぞれの巨樹の管理者の方々にはここころよくサンプル（枝葉）を採らせてくださった。巨樹は場合によってはご神木である。にもかかわらず特別に、と枝葉を下さった神社の関係者もいらっしゃる。お名前を書くことは控えさせていただくが、こうしたご好意もまた、とてもうれしく感じられた。最後になったが、八坂書房の八坂立人さんおよび編集担当の中居恵子さんには文字通りさまざまな面で本書を世に出す苦労を背負ってくださった。ここに記して心からのお礼の印としたい。

本書の最後の仕上げはちょうどクスノキの新緑の候と重なった。新緑のクスノキを頭上に仰ぎあれこれ思いを練りながらの通勤はきっと長く、よい思い出として残ることであろう。

二〇〇四年七月

鹿ヶ谷の仮寓で　佐藤洋一郎

参考文献

荒俣宏文・安井仁写真『木精狩り』文芸春秋、一九九四
梶山彦太郎・市原実『大阪平野のおいたち』青木書店、一九八六
J・ギフォード、井村君江監訳『ケルトの木の知恵　神秘、魔法、癒し』東京書籍、二〇〇三
小山『古代史の論点』小学館、二〇〇〇
佐藤洋一郎『DNAが語る稲作文明』NHKブックス、一九九七
高橋弘『日本の巨樹・巨木』新日本出版社、二〇〇一
次田真幸『古事記』(全三巻) 講談社学術文庫、一九七七・八〇・八四
西宮一民校注、新潮日本古典集成『古事記』新潮社、二〇〇一
沼田真『植物生態学』朝倉書店、一九六九
萩原秀三郎『神樹』小学館、二〇〇一
平岡忠夫『巨樹探検　森の神に会いにゆく』講談社、一九九九
J・ブロス、藤井史郎他訳『世界樹木神話』八坂書房、一九九五
牧野和春『巨樹の民俗学』恒文社、一九八六
室井綽『竹』法政大学出版局、二〇〇一
伊藤寿和「樟脳製造法」(佐藤常雄・徳永光俊・江藤彰彦編『日本農書全集五三巻　農産加工四』) 農山漁村文化協会、一九九八

日本古典文学大系1『古事記祝詞』岩波書店、一九五八
日本古典文学大系2『風土記』岩波書店、一九五八
黒板勝美『日本書紀』岩波文庫、一九三一～三三
島地謙・伊東隆夫編『日本の遺跡出土木製品総覧』雄山閣出版、一九八八
環境庁編『日本の巨樹・巨木林』（全八巻）大蔵省印刷局、一九九一

著者略歴

佐藤洋一郎（さとう・よういちろう）

1952年和歌山県生まれ。1979年農学部大学院修士課程修了。1981〜83年高知大学助手、1983〜94国立遺伝学研究所助手、1994〜2003静岡大学助教授を経て、2003年10月より総合地球環境学研究所教授。

【主な著書】

『稲のきた道』（裳華房1992）、『ＤＮＡが語る稲作文明』（ＮＨＫブックス1996）、『ＤＮＡ考古学』（東洋書店1999）、『森と田んぼのクライシス』（朝日選書1999）、『ＤＮＡ考古学のすすめ』（丸善2002）、『稲の日本史』（角川書店2002）、『イネの文明』（ＰＨＰ新書2003）、『イネが語る日本と中国』（農産漁村文化協会2003）など。

クスノキと日本人　知られざる古代巨樹信仰

2004年10月25日　初版第１刷発行

著　者　佐藤　洋一郎
発行者　八坂　立人
印刷・製本　モリモト印刷㈱

発行所　㈱八坂書房
〒101-0064　東京都千代田区猿楽町1-4-11
TEL.03-3293-7975　FAX.03-3293-7977
郵便振替口座　00150-8-33915

ISBN 4-89694-848-3